Catherine E. Housecroft

Clusterverbindungen von
Hauptgruppenelementen

Basistexte Chemie

1. D. T. Davies, Aromatische Heterocyclen
2. M. Sainsbury, Aromatenchemie
3. L. M. Harwood, Polare Umlagerungen
4. C. J. Moody, G. H. Whitham, Reaktive Zwischenstufen
5. S. E. Gibson, *nee* Thomas, Bor- und Siliciumverbindungen in der Organischen Synthese
6. J. Jones, Synthese von Aminosäuren und Peptiden
7. P. R. Jenkins, Metallorganische Reagentien in der Organischen Synthese
8. R. A. Henderson, Reaktionsmechanismen von Übergangsmetallverbindungen
9. C. E. Housecroft, Clusterverbindungen von Hauptgruppenelementen
10. N. C. Norman, Periodizität: Eigenschaften der Hauptgruppenelemente
11. M. T. Weller, Anorganische Materialien
12. M. J. Winter, Konzepte der Übergangsmetallchemie

© VCH Verlagsgesellschaft mbH. D-69451 Weinheim (Bundesrepublik Deutschland), 1996

Vertrieb:
VCH, Postfach 10 11 61, D-69451 Weinheim (Bundesrepublik Deutschland)
Schweiz: VCH, Postfach, CH-4020 Basel (Schweiz)
United Kingdom und Irland: VCH (UK) Ltd., 8 Wellington Court, Cambridge CB1 1HZ (England)
USA und Canada: VCH, 220 East 23rd Street, New York, NY 10010-4606 (USA)
Japan: VCH, Eikow Building, 10-9 Hongo 1-chome, Bunkyo-ku, Tokyo 113 (Japan)

ISBN 3-527-29397-3   ISSN 0947-885X

9

Basistext *Chemie*

Catherine E. Housecroft

Clusterverbindungen von Hauptgruppenelementen

übersetzt von Anna Schleitzer

herausgegeben von Stephen G. Davies,
Richard G. Compton und John Evans

Autor, Reihenherausgeber und Originalverlag (Oxford UP) bedanken sich bei der ZENECA Ltd. für die großzügige Unterstützung bei der Entwicklung dieser Buchreihe.

Weinheim · New York · Basel · Cambridge · Tokyo

This translation of Cluster Molecules of the p-Block Elements originally published in English in 1994 is published by arrangement with Oxford University Press.

Titel der Originalausgabe: Cluster Molecules of the p-Block Elements
erschienen im Verlag Oxford University Press
© Catherine E. Housecroft, 1994

"Oxford" and Oxford Chemistry Primers are Trade Marks of Oxford University Press.

Dr. Catherine E. Housecroft
Institut für Anorganische Chemie
Universität Basel
Basel
Schweiz

> Das vorliegende Werk wurde sorgfältig erarbeitet. Dennoch übernehmen Autor, Übersetzer und Verlag für die Richtigkeit von Angaben, Hinweisen und Ratschlägen sowie für eventuelle Druckfehler keine Haftung.

Lektorat: Dr. Gudrun Walter
Übersetzer: Anna Schleitzer
Herstellerische Betreuung: Dipl.-Ing. (FH) Hans Jörg Maier

Die Deutsche Bibliothek - CIP-Einheitsaufnahme
Housecroft, Catherine E.:
Clusterverbindungen von Hauptgruppenelementen / Catherine E. Housecroft. Übers. von Anna Schleitzer. Hrsg. von Stephen G. Davies ... - Weinheim ; New York ; Basel ; Cambridge ; Tokyo : VCH, 1996
  (Basistexte Chemie ; 9)
  Einheitssacht.: Cluster molecules of the p-block elements <dt.>
  ISBN 3-527-29397-3
NE: GT

© VCH Verlagsgesellschaft mbH, D-69451 Weinheim (Federal Republic of Germany), 1996
Gedruckt auf säurefreiem und chlorfrei gebleichtem Papier.
Alle Rechte, insbesondere die der Übersetzung in andere Sprachen, vorbehalten. Kein Teil dieses Buches darf ohne schriftliche Genehmigung des Verlages in irgendeiner Form - durch Photokopie, Mikroverfilmung oder irgendein anderes Verfahren - reproduziert oder in eine von Maschinen, insbesondere von Datenverarbeitungsmaschinen, verwendbare Sprache übertragen oder übersetzt werden. Die Wiedergabe von Warenbezeichnungen, Handelsnamen oder sonstigen Kennzeichen in diesem Buch berechtigt nicht zu der Annahme, daß diese von jedermann frei benutzt werden dürfen. Vielmehr kann es sich auch dann um eingetragene Warenzeichen oder sonstige gesetzlich geschützte Kennzeichen handeln, wenn sie nicht eigens als solche markiert sind.
All rights reserved (including those of translation into other languages). No part of this book may be reproduced in any form - by photoprinting, microfilm, or any other means - nor transmitted or translated into a machine language without written permission from the publishers. Registered names, trademarks, etc. used in this book, even when not specifically marked as such, are not to be considered unprotected by law.
Satz: Graphik & Text Studio Dr. Wolfgang Zettlmeier - Hubert Kammerer, D-93164 Laaber-Waldetzenberg.
Druck: Strauss Offsetdruck GmbH, D-69509 Mörlenbach. Bindung: Wilhelm Osswald & Co, D-67433 Neustadt. Umschlaggestaltung: WSP Design, D-69120 Heidelberg.
Printed in the Federal Republic of Germany.

Vorwort des Herausgebers dieser Reihe

Clusterverbindungen der Hauptgruppenelemente sind eine Herausforderung für die Phantasie des Chemikers. Die Suche nach Wegen, die chemische Bindung in einer speziellen Klasse dieser Moleküle – den sogenannten Elektronenmangel-Verbindungen – adäquat zu beschreiben, hat zur Vervollkommnung theoretischer Bindungsmodelle geführt. Die Strukturen selbst bestechen durch ästhetische Schönheit und Symmetrie. Durch die Entdeckung der Fullerene hat der Reiz dieses Gebietes der anorganischen Chemie weiter zugenommen – es wird auch in Zukunft einen wichtigen Platz in der Grundausbildung der Studenten behalten.

Die Oxford Chemistry Primers sind als kurze Einführungen gedacht, die für alle Studenten der Chemie relevant sind und nur den wichtigsten Stoff enthalten, der in 8–10 Vorlesungen behandelt werden würde. Sie sollen sowohl aktuelle Informationen vermitteln als auch Grundprinzipien und Erklärungen aufzeigen, die es ermöglichen, die Zusammenhänge in der anorganischen Chemie zu verstehen. Catherine Housecroft präsentiert uns eine Fülle chemischen Grundwissens, verknüpft mit aktuellsten Erkenntnissen über eine Klasse faszinierender Verbindungen – ein Konzept, das Studierende in der Grundausbildung mit Sicherheit zu schätzen wissen.

John Evans
Department of Chemistry, University of Southampton

Vorwort der Autorin

Die Hauptgruppenelemente auf der rechten Seite des Periodensystems faßt man als „p-Block" zusammen. *Clusterverbindungen von Hauptgruppenelementen* beschäftigt sich mit molekularen Clustern, die von diesen Elementen gebildet werden – einem Forschungsgebiet, das in den letzten zehn Jahren enorm an Bedeutung gewonnen hat und nach wie vor wächst. Im elementaren Zustand bilden zum Beispiel Phosphor und Kohlenstoff diskrete Cluster wie P_4 und C_{60}. Allotrope des Bors im festen Aggregatzustand bestehen aus Gittern, deren Bausteine ikosaedrische Clustereinheiten sind. Verbindungen vieler Elemente des p-Blocks – insbesondere der Gruppen 13 bis 16 – treten als Clustermoleküle auf; Beispiele sind Borane, Cubane, Adamantane, Zintl-Ionen und kleine kohlenstoffhaltige Cluster. Für den theoretischen Chemiker ist die Aufklärung der Bindungsverhältnisse in diesen Molekülen eine Herausforderung: Borane beispielsweise sind Elektronenmangelverbindungen, denn sie enthalten weniger Valenzelektronen, als zum Aufbau „klassischer" Bindungen zwischen benachbarten Atomen erforderlich wären.

Dieses Buch soll eine Einführung in ein weitgefächertes, facettenreiches Gebiet der chemischen Forschung bieten. Der Leser kann sich in einzelnen Abschnitten mit Elementarstrukturen, Bindung, Synthesewegen und Reaktivität auseinandersetzen. Eine Zusammenstellung weiterführender Literatur soll zur Beschäftigung mit aktuellen Veröffentlichungen anregen.

Mein Dank gilt meinem Ehemann, Edwin Constable, für beständige Ermutigung und Hilfestellung. Keinen Satz hätte ich ohne die Gegenwart der Siamesen Philby und Isis zu Papier gebracht – ob sie gerade umherschlichen und sich neue Streiche ausdachten oder sich ihren Katzenträumen hingaben...

Cambridge	C. E. H
Dezember 1992	

Inhalt

1	Einführung und Definitionen	1
2	Elementcluster	4
3	Strukturprinzipien	16
4	Chemische Bindung	36
5	Synthesewege	53
6	Reaktivität	74
	Ergänzende und weiterführende Literatur	92
	Register	93

1 Einführung und Definitionen

1.1 Elemente des p-Blocks

Die sogenannten p-Block-Elemente bilden die Hauptgruppen 13 bis 18 des Periodensystems; das vorliegende Buch beschäftigt sich mit den Elementen der Gruppen 13 bis 16. Jedes Element der Borgruppe 13 besitzt drei, der Kohlenstoffgruppe 14 vier, der Stickstoffgruppe 15 fünf und der Sauerstoffgruppe 16 sechs Valenzelektronen. Diese Zahlen sollten Sie sich einprägen: Nur auf ihrer Grundlage kann man die Chemie der p-Block-Elemente verstehen.

1.2 Was ist ein Cluster?

Unter einem *Cluster* wollen wir im folgenden eine neutrale oder geladene Spezies verstehen, deren Atome eine polycyclische Anordnung bilden (Abb. 1.1). Der Cluster kann aus einer oder mehreren Atomsorten bestehen. Direkt gebundene periphere Atome können vollkommen fehlen, wie man es beispielsweise in elementarem P_4 oder dem Zintl-Ion $[Pb_5]^{2-}$ findet. In anderen Fällen bilden die Clusteratome einen zentralen Kern: $[B_6H_6]^{2-}$ zum Beispiel besteht aus einer B_6-Einheit, wobei an jedes Boratom ein terminales Wasserstoffatom gebunden ist. Die Kanten des Clusterkerns können durch Atome (z. B. H) überbrückt werden, ohne daß die bindende Wechselwirkung zwischen den Clusteratomen völlig verlorengeht (Beispiel: B_6H_{10}). Diese Unterschiede kann die Theorie der chemischen Bindung erklären, auf die in späteren Kapiteln eingegangen werden soll.

Viele Übergangsmetalle bilden Cluster unterschiedlicher Zusammensetzung, als Beispiele seien genannt $Rh_4(CO)_{12}$, $Os_6(CO)_{18}$ und $[Fe_4(CO)_{13}]^{2-}$. Mit ihnen wollen wir uns in diesem Buch nicht beschäftigen; es würde den Rahmen des Textes sprengen.

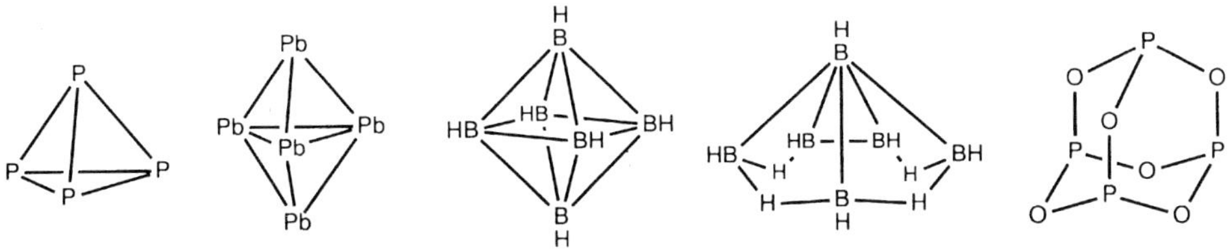

Elektronenmangel-Verbindung: Bezeichnung für ein Molekül, dessen Valenzelektronen nicht ausreichen, um die Atome ausschließlich über 2-Elektronen-2-Zentren-Bindungen zu verknüpfen.

Abb. 1.1 Beispiele für Cluster der p-Block-Elemente; Strukturen von P_4, $[Pb_5]^{2-}$, $[B_6H_6]^{2-}$, B_6H_{10} und P_4O_6.

Die Beschreibung der Bindung innerhalb von Clustern hängt von der Anzahl der verfügbaren Valenzelektronen ab. In Kapitel vier werden einige Methoden zur Erklärung dieser Bindungsverhältnisse vorgestellt. Cluster, die Boratome enthalten, bezeichnet man häufig als *Elektronenmangel-Verbindungen*; bei

2 Einführung und Definitionen

diesen Spezies reicht die Zahl der Valenzelektronen nicht aus, um das Clustergebilde durch ein System lokalisierter 2-Zentren-2-Elektronen-Bindungen zusammenzuhalten. Betrachtet man hingegen das P_4-Tetraeder, so fällt auf, daß über jede Kante hinweg eine lokalisierte 2-Zentren-2-Elektronen-Bindung ausgebildet werden kann und darüberhinaus ein nichtbindendes („freies") Elektronenpaar je Phosphoratom übrigbleibt. Daher ist es wichtig, daß wir uns folgendes verdeutlichen: Eine Linie, die wir zwischen zwei Atomen ziehen, muß nicht notwendig für eine lokalisierte Bindung stehen; in P_4 und P_4O_{10} sind solche Bindungen tatsächlich vorhanden, in $[Pb_5]^{2-}$, $[B_6H_6]^{2-}$ und B_6H_{10} dagegen nicht.

Eine Linie, die wir zwischen zwei Atomen eines Clusters zeichnen, ist *nicht* unbedingt einer lokalisierten Bindung gleichzusetzen!

Cluster können in verschiedenen Abstufungen als *„offen"* oder *„geschlossen"* bezeichnet werden. Diese Begriffe werden zwar gern verwendet - sie exakt zu definieren, ist aber keineswegs trivial; Elektronenmangel-Cluster müssen gesondert behandelt werden. Bei diesen letzteren spricht man von *geschlossenen* Strukturen, wenn die Clusteratome Ecken eines *Deltaeders* bilden. Die Grundstruktur von $[B_6H_6]^{2-}$, ein Oktaeder (Abb. 1.1), kann also als geschlossen angesehen werden; man findet nur dreieckige Begrenzungsflächen des Polyeders. Sobald auch Flächen auftreten, die von der Dreiecksgestalt abweichen, nennt man einen elektronenarmen Cluster *offen*, wie beispielsweise B_6H_{10} in Abb. 1.1. Das Konzept, das hier angewendet wird, soll in Kapitel 4 näher erläutert werden.

Spezielle Polyeder, deren Seitenflächen sämtlich Dreiecke sind, heißen *Deltaeder*.

Clustermoleküle, deren Valenzelektronen ausreichen, um zwischen benachbarten Atomen lokalisierte 2-Zentren-2-Elektronen-Bindungen zu bilden, sind nicht auf deltaedrische Strukturen begrenzt – im Gegenteil, man findet eine breite Palette unterschiedlichster Polycyclen. $Ge_6\{CH(SiMe_3)_2\}_6$ (Abb. 1.2) tritt als trigonal-prismatische Struktur, nicht als Oktaeder auf. Das trigonale Prisma ist offener als das Oktaeder, wird aber von Spezies mit vielen Bindungselektronen bevorzugt (siehe Kapitel 4). Daher ist es irreführend, $Ge_6\{CH(SiMe_3)_2\}_6$ allein aus diesem Grund als offenen Cluster zu bezeichnen.

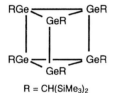

$R = CH(SiMe_3)_2$

Abb. 1.2 Struktur von $Ge_6\{CH(SiMe_3)_2\}_6$.

An dieser Stelle soll der Leser ganz nachdrücklich auf ein Begriffsproblem hingewiesen werden. In einem bestimmten Stadium läßt sich nicht mehr eindeutig zwischen *Cluster* und *Ring* unterscheiden. Betrachten wir elementaren Schwefel (Abb. 1.3): Die acht Atome sind in einem einfachen Ring angeordnet. Können wir dies als offenen Cluster bezeichnen? Im Fall von S_8 führen solche Betrachtungen nur zu unnötigen Komplikationen.

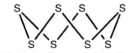

Abb. 1.3 Kronenartiger S_8-Ring.

In diesem Buch soll der Begriff *Ring* mono- und bicyclischen Molekülen vorbehalten bleiben. Sobald eine mindestens tricyclische Struktur vorliegt, wollen wir von einem *Cluster* sprechen. Eine Ausnahme bildet das Boran B_4H_{10} (Abb. 3.1). Allerdings gibt es eine große Gruppe von Verbindungen, die diese Definition nicht einschließt – ganz allgemein kann man organische Moleküle, die aus kondensierten Ringen bestehen, nicht als Cluster bezeichnen. Auch hier sollen mögliche Ausnahmen diskutiert werden (Abschnitt 3.5).

Polyedrische Strukturen

Die Grundformen vieler Cluster, die in diesem Buch beschrieben werden sollen, leiten sich von regulären Polyedern ab. Im Fall der Elektronenmangel-Cluster sind dies speziell *Deltaeder*, also Polyeder mit ausschließlich dreieckigen Begrenzungsflächen. Wir verwenden den Begriff *polyedrische Grundstruktur*, da die polyedrische Anordnung oftmals nur unvollständig ausgebildet ist. Das Molekül läßt sich dann am günstigsten als Polyeder beschreiben, dem eine oder mehrere Ecken fehlen. In Kapitel 4 wird auf diese Fragen näher eingegangen.

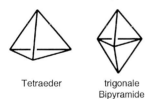

Tetraeder   trigonale Bipyramide

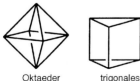

Oktaeder   trigonales Prisma

Abb. 1.4 Polyeder-Gerüste für $n = 4$ bis 6.

Zur Bildung eines abgeschlossenen, dreidimensionalen Clusters sind mindestens vier Atome notwendig. Die Anzahl der Ecken des Clusters soll mit n bezeichnet werden. Ist $n = 4$, kann ein abgeschlossenes Polyeder nur ein Tetraeder sein (Abb. 1.4). Ist $n = 5$, findet man gewöhnlich die trigonale

Bipyramide (Abb. 1.4). Bei $n = 6$ bilden die Atome zwei Dreiecke, die entweder gegeneinander geneigt (Oktaeder) oder übereinander gestapelt (trigonales Prisma) sein können (Abb. 1.4 und 1.5).

Einige weitere, öfter vorkommende polyedrische Strukturen finden Sie auf der inneren Umschlagseite dieses Bandes. Zu nennen ist eine Reihe von Deltaedern – die pentagonale Bipyramide ($n = 7$), das Dodekaeder ($n = 8$), die hexagonale Bipyramide ($n = 8$), das dreifach überdachte trigonale Prisma ($n = 9$), das zweifach überdachte Antiprisma ($n = 10$), das Oktadekaeder ($n = 11$) und das Ikosaeder ($n = 12$). Für $n = 8$ ist der Würfel eine weitere Möglichkeit. Das quadratische Antiprisma ($n = 8$) wird von einem Würfel abgeleitet, indem man die Deckfläche in Bezug zur Grundfläche um 45° rotieren läßt, so daß die Ecken jeweils „auf Lücke" stehen; diese Struktur darf auch nicht außer acht gelassen werden, da zwischen Dodekaeder, quadratischem Antiprisma und hexagonaler Bipyramide nur geringe energetische Barrieren zu überwinden sind. Ist $n = 9$, bietet sich als Alternative noch das einfach überdachte Antiprisma an. Seine Bildung aus dem dreifach überdachten trigonalen Prisma können Sie anhand der Abbildung auf der Umschlagseite nachvollziehen: Die untere Kante des trigonalen Prismas wird aufgebrochen, so entsteht ein Viereck; biegt man dieses noch zum Quadrat, so entsteht das erwähnte Antiprisma. Für $n = 12$ existieren neben dem Ikosaeder noch das Kuboktaeder und das Antikuboktaeder.

Unsere Aufzählung möglicher Polyeder ist in gewisser Weise eingeschränkt: Strukturen mit Begrenzungsflächen, die mehr als drei oder vier Ecken aufweisen, haben wir nicht betrachtet. Es gibt relativ wenige abgeschlossene p-Block-Elementcluster, die pentagonale oder hexagonale Flächen besitzen; unter den bekannten sind aber auch sehr wichtige Strukturen, wie elementares Bor und C_{60}, die in Kapitel 2 behandelt werden sollen.

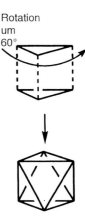

Abb. 1.5 Umwandlung eines trigonalen Prismas in ein Oktaeder.

2 Elementcluster

2.1 Welche Elemente bilden im Elementarzustand diskrete Cluster?

Die Oktettregel: Ein Element des s- oder p-Blocks befolgt die *Oktettregel*, wenn man dem Kern 8 Valenzelektronen zuordnen kann.
Beispiel NH₃: Durch Ausbildung dreier N–H-Bindungen werden der Valenzschale des N-Atoms drei Elektronen hinzugefügt, so daß insgesamt ein Valenzelektronen-Oktett für N resultiert.

Im folgenden Kapitel wollen wir klären, für welche Mitglieder des p-Blocks des Periodensystems Elementcluster auftreten. Dabei unterscheiden wir zwischen Elementen, die überhaupt keine Cluster bilden, Elementen, deren Cluster Teile ausgedehnter Gitterstrukturen darstellen und schließlich Elementen, die diskrete (das heißt, voneinander getrennte) Cluster in wenigstens einer allotropen Modifikation ausbilden.

Alle Edelgase (Inertgase), Gruppe 18, kommen atomar vor. Der Grund dafür ist ihre Elektronenkonfiguration: Alle Schalen sind vollständig gefüllt. Die Halogene, Gruppe 17, bilden hingegen ausschließlich zweiatomige Moleküle. Im Grundzustand ist die Valenzelektronen-Konfiguration eines Halogenatoms X $ns^2\,np^5$ - die Ausbildung einer Einfachbindung zu einem anderen Halogenatom im Molekül X_2 führt dazu, daß sich um jedes Atom herum ein Valenzelektronen-Oktett bildet, die *Oktettregel* ist erfüllt (Gl. 2.1).

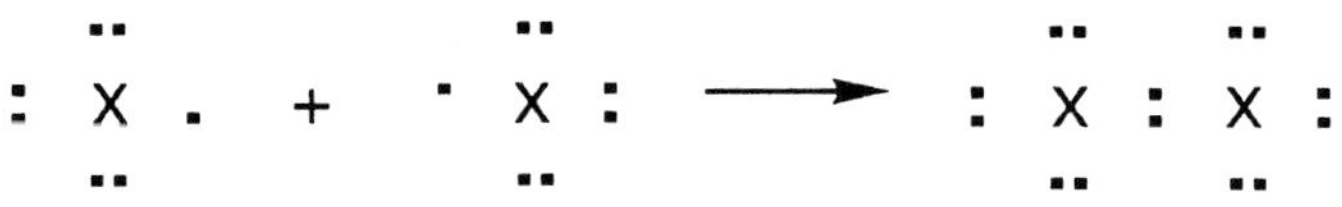

$$:\ddot{\underset{..}{X}}\cdot \;+\; \cdot\ddot{\underset{..}{X}}: \;\longrightarrow\; :\ddot{\underset{..}{X}}:\ddot{\underset{..}{X}}: \qquad \text{Gl. 2.1}$$

O=O
1.211 Å

O⟋ 1.278 Å ⟍O
O- - - - - -O
2.18 Å

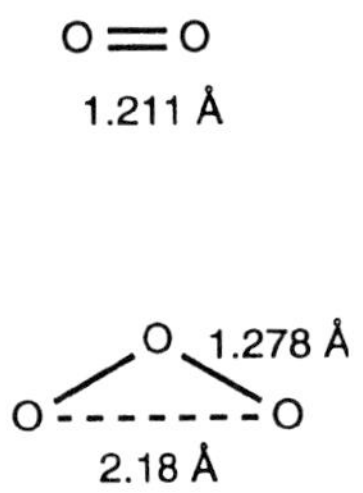

Abb. 2.1 O₂ und O₃.

Bei den Elementen der Gruppe 16 lautet die Valenzelektronen-Konfiguration im Grundzustand $ns^2\,np^4$. Daher können zwei kovalente Bindungen aufgebaut werden. Schwefel und die schwereren Elemente aus Gruppe 16 können sogar vier oder sechs Bindungspartner besitzen, wenn energetisch tiefliegende d-Orbitale mit genutzt werden können. Im Elementarzustand gibt es für ein Atom E drei Möglichkeiten, die Oktettregel zu erfüllen, und zwar (1) die Bildung eines zweiatomigen Moleküls mit einer E = E-Doppelbindung (Abb. 2.1 und 2.2), (2) die Bildung eines cyclischen Moleküls (Abb. 2.2) oder (3) die Bildung einer längeren Atomkette, eines Polymers (Abb. 2.2). Bei Standardtemperatur und -druck bevorzugt lediglich elementarer Sauerstoff die zweiatomige Molekülform. Das dreiatomige Molekül Ozon (Abb. 2.1) ist thermodynamisch weniger stabil als O_2 (Gl. 2.2). Aus den experimentellen O–O-Abständen in O_3 läßt sich schließen, daß zwischen den terminalen Atomen des V-förmigen Moleküls bis zum gewissen Grade Wechselwirkungen bestehen.

$$O_3\,(g) \;\longrightarrow\; {}^{3}\!/_{2}\,O_2\,(g) \qquad \Delta G^\circ = -163.2\ \text{kJ mol}^{-1} \qquad \text{Gl. 2.2}$$

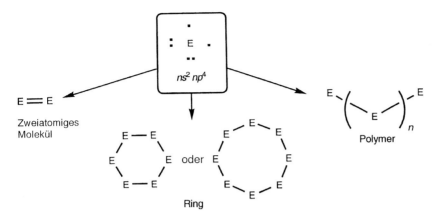

Abb. 2.2 Bildung von Molekülen aus Elementen E der Gruppe 16 im Elementarzustand. Theoretisch können die Ringe beliebig groß werden.

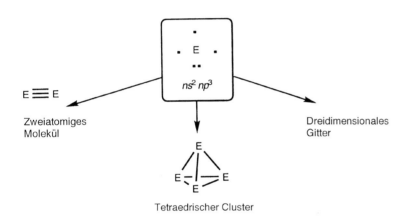

Abb. 2.3 Strukturelle Möglichkeiten für ein Element E der Gruppe 15 im Elementarzustand.

Elemente der Gruppe 15 mit der Valenzkonfiguration $ns^2\,np^3$ können drei kovalente Bindungen bilden. In Verbindungen des Phosphors und seiner schwereren Nachfolger beteiligen sich auch tiefliegende d-Orbitale an der Bindungsbildung, so daß fünf statt drei Partnern auftreten. Nur das erste Element der Gruppe, Stickstoff, existiert als zweiatomiges Molekül mit einer Dreifachbindung zwischen den Atomen. Diese ist sehr fest (Bindungsenergie: 945 kJ mol^{-1}), daher ist die Bildung von N$_2$ energetisch günstig. Die Elemente, die weiter unten in der Gruppe folgen, findet man in Form tetraedrischer Cluster. Die Stabilität von E$_4$ hängt dabei von E selbst ab (siehe auch die Abschnitte 2.3 und 2.4). Alternativ sind dreidimensionale Gitterstrukturen denkbar – so besteht schwarzer Phosphor aus einem Netz gefalteter Sechsringe, ähnliche Gitter findet man bei α-Arsen, α-Antimon und α-Bismut. Weitere Einzelheiten zu dreidimensionalen Anordnungen von Atomen finden Sie im Abschnitt 1.4.

6 *Elementcluster*

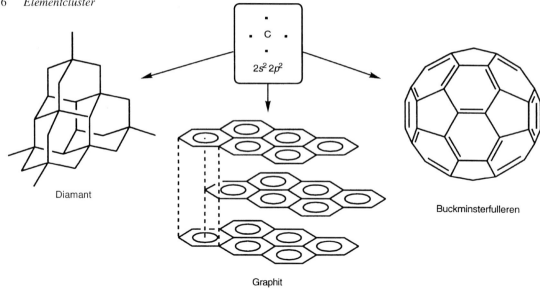

Abb. 2.4 Strukturelle Vielfalt elementaren Kohlenstoffs. In jeder Graphitschicht bestehen delokalisierte π-Bindungen zwischen den Kohlenstoffatomen. Diese Schichten kondensierter Sechsringe werden in einem *a-b-a*-Muster abwechselnd übereinandergestapelt. Ausführlichere Darstellungen des Buckminster-Fullerens sehen Sie in Abb. 2.7.

Die charakteristische Grundzustands-Valenzkonfiguration eines Elements aus Gruppe 14 ist $ns^2\,np^2$. Wenn keine niedrigliegenden d-Orbitale zur Verfügung stehen, werden je Atom vier kovalente Bindungen aufgebaut. Allotrope Modifikationen des Kohlenstoffs sind Diamant, Graphit und die erst in letzter Zeit entdeckten Fullerene (Abb. 2.4). Nur die letzteren sind diskrete Cluster; wir werden sie in Abschnitt 2.2 diskutieren. Das sogenannte Buckminster-Fulleren C_{60} sehen Sie schematisch in Abb. 2.4. Silicium und Germanium kristallisieren in diamantähnlichen Gittern. Zinn und Blei sind Metalle. Festes Blei weist eine lose gepackte Struktur auf. Bei niedrigen Temperaturen kommt Zinn als graue oder α-Modifikation mit diamantähnlicher Struktur vor; oberhalb von 13.2 °C führen Gitterstorungen zum Modifikationswechsel, im weißen β-Zinn hat jedes Atom sechs unmittelbare Nachbarn.

Aufgrund der Grundzustandskonfiguration $ns^2\,np^1$ der Elemente der Gruppe 13 könnte man annehmen, daß hier bevorzugt drei kovalente Bindungen gebildet werden. Im Elementarzustand treten jedoch wesentlich kompliziertere Strukturen auf. Als Folge des metallischen Charakters von Aluminium und seinen schwereren Homologen findet man eng gepackte Gitterstrukturen. Die Aggregationsbestrebungen von Boratomen kann man damit begründen, daß nach Ausbildung dreier kovalenter Bindungen noch immer ein leeres 2p-Orbital verbleibt. Dieses Phänomen macht sich auch in molekularen Borverbindungen bemerkbar (siehe Kapitel 3 und 4). Die Elementcluster des Bors, die durch Aggregation gebildet werden, sich *nicht* diskret; der ikosaedrische B_{12}-Cluster tritt allerdings als wiederkehrender Strukturbaustein auf (Abb. 2.5).

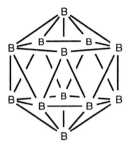

Abb. 2.5 Der ikosaedrische B_{12}-Cluster – ein in Allotropen des Bors häufig auftretendes Strukturmotiv.

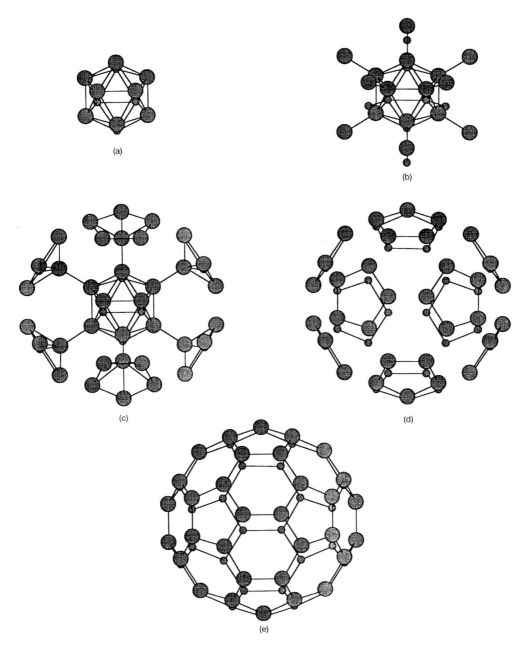

Abb. 2.6 Aufbau einer B_{84}-Einheit in β-rhomboedrischem Bor: (a) zentrales B_{12}-Ikosaeder, (b) Anlagerung von 12 terminalen Boratomen an die zentrale Struktur, (c) Einbau jedes terminalen Atoms in eine pentagonale Pyramide (der Übersichtlichkeit halber sind nur 6 der 12 Pyramiden dargestellt), (d) Netz aus 12 isolierten Fünfecken, die von den 12 Pyramiden gebildet werden, (e) Verknüpfung dieser Fünfecke zur B_{60}-Struktur. Beachten Sie die Strukturverwandtschaft zwischen B_{60} und dem Buckminster-Fulleren C_{60}!

8 *Elementcluster*

Die erste polymorphe Modifikation des Bors, die beschrieben wurde, war die α-tetragonale Form. Inzwischen weiß man jedoch, daß es sich dabei um ein Carbid oder Nitrid, $B_{50}C_2$ bzw. $B_{50}N_2$, handelt. Der Gehalt an Kohlenstoff oder Stickstoff ist synthetisch bedingt. Im α-rhomboedrischen Allotrop bilden die B_{12}-Cluster eine nahezu dichteste Packung, wobei die Bor-Bor-Wechselwirkungen zwischen den Ikosaedern geringer sind als innerhalb der Bausteine. β-rhomboedrisches Bor hat eine komplizierte Struktur: B_{84}-Einheiten sind durch B_{10}-Einheiten und einzelne Atome miteinander verknüpft. Die Elementarzelle enthält dann 105 Atome; statt B_{105} schreibt man sinnvoller $(B_{84})(B_{10}.B.B_{10})$. Den Aufbau einer B_{84}-Einheit verdeutlicht man sich am besten ausgehend vom zentralen ikosaedrischen Cluster (Abb. 2.6a). An jedes Atom des B_{12} wird nun ein terminales Boratom gebunden (Abb. 2.6b). Jedes dieser terminalen Boratome bildet die Spitze einer pentagonalen Pyramide, sechs davon sehen Sie in Abb. 2.6c. Die vollständige dreidimensionale Struktur beinhaltet zwölf pentagonale Pyramiden; dabei einsteht ein Netz aus zwölf Fünfecken, das in Abb. 2.6d dargestellt ist. So entsteht ein annähernd kugelförmiges Gebilde B_{60} (Abb. 2.6e), dessen Ähnlichkeit mit C_{60} (Abb. 2.4 und 2.7) sofort ins Auge fällt. In Abb. 2.6 wird deutlich, daß man die B_{84}-Einheit von β-rhomboedrischem Bor als $(B_{12})(B_{12})(B_{60})$ auffassen kann.

Nachdem wir nun alle Elemente des p-Blocks in Betracht gezogen haben, wird klar, daß nur einige wenige von ihnen diskrete Elementcluster ausbilden können. Diese werden wir im Anschluß näher untersuchen.

2.2 Fullerene

Beschreibung von C_{60} und C_{70}

Die *Fullerene* wurden nach Buckminster Fuller benannt – einem Architekt, der seiner sphärischen Kuppelkonstruktionen wegen weithin bekannt wurde.

Mit der Chemie des Kohlenstoff-Clusters C_{60}, des sogenannten Buckminster-Fullerens, beschäftigt man sich seit 1985. Stürmisch wurde die Entwicklung spätestens ab 1990, als man größere Mengen von C_{60} und C_{70} herstellen konnte.

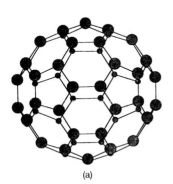
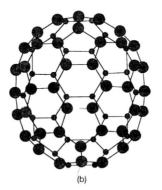

(a) (b) (c)

Abb. 2.7 Strukturen von (a) C_{60} und (b) C_{70} sowie eine vereinfachte Darstellung von C_{60} (c).

Reiner Graphitruß enthält einige Gewichtsprozent molekulares C_{60}. Man stellt ihn durch Verdampfung von Graphitstäbchen in einer Heliumatmosphäre und einem Druck von etwa 100 Torr her; der Dampf wird kondensiert. Dispergiert man das Kondensat in Benzol, so bildet sich eine rote Lösung, aus der man schwarze Kristalle gewinnen kann. Sie bestehen hauptsächlich aus C_{60} und C_{70} (Abb. 2.7); das Massenspektrum zeigt Signale bei den Massezahlen 720 (C_{60}) beziehungsweise, weniger intensiv, 840 (C_{70}). Mit Sicherheit existieren auch höheratomige Fullerene wie C_{84}, aber zu diesen Molekülen sind bisher nur sehr wenige Daten bekannt.

C_{60} ist purpurfarben (magenta, „fuchsinrot"), C_{70} sieht rot aus; die Spezies lassen sich durch Chromatographie in Hexan trennen. Im Infrarotspektrum von C_{60} sieht man vier Banden bei 1429, 1183, 577 und 527 cm^{-1}; dieses Muster stimmt mit der Anzahl der Schwingungsmoden überein, die man für ein Molekül mit ikosaedrischer (I_h) Symmetrie erwartet. Das Raman-Spektrum ist mit diesem Ergebnis völlig konsistent. 1990 wurden Röntgendiffraktionsmessungen an C_{60}-Plättchen (also nicht an Einkristallen) durchgeführt; sie ergaben, daß der Feststoff aus geordneten sphäroiden Molekülen mit einem Durchmesser von etwa 7 Å aufgebaut ist, wobei zwischen den Nachbarn jeweils ein Abstand von etwa 3 Å besteht. Das ^{13}C-NMR-Spektrum zeigt eine einzigen Resonanz bei $\delta = 143$ – alle 60 Kohlenstoffatome sind demnach äquivalent, und die chemische Verschiebung ist ähnlich der von Benzol ($\delta = 128$). Die Ergebnisse einer Röntgendiffraktionsuntersuchung an gasförmigem C_{60} (1991) stützen den Strukturvorschlag in Abb. 2.7a. Alle C-Atome sind zwar äquivalent, aber es existieren zwei verschiedene Bindungstypen, nämlich die zwischen hexagonalen Flächen (C_6–C_6-Bindung) und zwischen hexagonalen und pentagonalen Flächen (C_6–C_5-Bindung). Die C–C-Abstände in der Gasphase, 1.40 Å und 1.46 Å, lassen sich Doppel- und Einfachbindungen zuordnen. Mitte 1992 wurde die Kristallstruktur eines Einzelmoleküls C_{60} aufgeklärt; sie stimmt mit der Struktur in Abb. 2.7 überein. Die Abstände zwischen den einzelnen Atomen sind jeweils um etwa 0.01 Å kürzer, als in der Gasphase gefunden wurde.

Eine wichtige gemeinsame Eigenschaft der C_{60}- und C_{70}-Cluster ist ihr Aufbau aus sechseckigen und fünfeckigen Flächen – dabei liegen zwei Fünfecke nie in unmittelbarer Nachbarschaft.

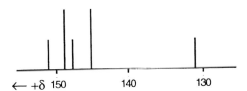

Abb. 2.8 ^{13}C-NMR-Spektrum von C_{70} (schematisch).

Die Struktur von C_{70} wurde inzwischen mittels Einkristall-Röntgendiffraktionsmessungen aufgeklärt. Die spektroskopischen Daten sprechen für eine Anordnung der Atome wie in Abb. 2.7b; diese stimmt darüberhinaus mit der kristallographisch bestätigten Struktur des Derivats (η^2-C_{70})Ir(CO)Cl(PPh$_3$)$_2$ überein. Man kann die Struktur von C_{70} aus derjenigen von C_{60} ableiten, indem man letzteres in zwei halbkugelförmige C_{30}-Fragmente spaltet und diese durch eine Kette aus zehn C-Atomen wieder zusammenfügt. C_{70} weist D_{5h}-Symmetrie auf. Im ^{13}C-NMR-Spektrum sieht man fünf Signale (Intensitätsverhältnis 1:2:1:2:1, Abb. 2.8) – daraus läßt sich folgern, daß das Molekül in benzolischer Lösung seine Gestalt beibehält (gemessen an der Zeitskala der NMR). Mit Hilfe der zweidimensionalen ^{13}C-^{13}C-NMR-Spektroskopie kann man das Signal eines Kerns mit einem oder mehreren Signalen eines oder mehrerer Bindungspartner in Zusammenhang bringen. So kann man feststellen, auf welche Weise die Atome miteinander verknüpft sind – entsprechende Untersuchungen bestätigten die Struktur in Abb. 2.7b.

10 *Elementcluster*

Verbrennungskalorimetrische Messungen ergaben einen Wert von -25890.8 kJ mol^{-1} für die Standard-Verbrennungsenthalpie von C$_{60}$, woraus $\Delta_B H$ (cryst) $= +2280.2 \pm 5.6$ kJ mol^{-1} folgt.

Reaktivität von C$_{60}$ und C$_{70}$

Bisher wurde C$_{60}$ mehr Beachtung geschenkt als C$_{70}$. Zwischen den Kohlenstoffatomen des C$_{60}$ stellt man sich C–C-Doppel- und -Einfachbindungen vor. C$_{60}$ ist radikalischen Spezies gegenüber äußerst reaktiv, man nennt die Verbindung daher auch „Radikalschwamm". So werden in der Reaktion zwischen C$_{60}$ und PhCH$_2\cdot$ bis zu 15 Radikale an den Cluster addiert. Auch Alkylradikale, R·, gehen sehr schnelle Additionen an C$_{60}$ ein. Ist R = ^{t}Bu, so findet man, daß die Intensität des ESR-Signals von ^{t}BuC$_{60}$ in Benzol bei Temperaturerhöhung von 300 K auf 350 K zunimmt. Dieser Vorgang ist reversibel, woraus sich schließen läßt, daß das gebildete Radikal im Gleichgewicht mit einer dimeren Spezies steht (Gl. 2.3). In Abb. 2.9 sehen Sie die Struktur, die man für das Dimer {^{t}BuC$_{60}$}$_2$ annimmt. Die Stabilität von {RC$_{60}$}$_2$ hängt von den sterischen Anforderungen des Restes R ab.

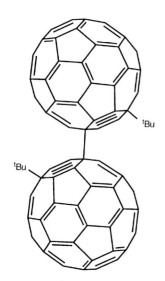

Abb. 2.9 {^{t}BuC$_{60}$}$_2$.

$$2\ ^tBuC_{60}^\bullet \rightleftharpoons\ ^tBuC_{60}-C_{60}{}^tBu \qquad \text{Gl. 2.3}$$

Die Reaktivität des C$_{60}$ ähnelt der von Benzol nicht wesentlich, obwohl die Oberfläche des Clusters an kondensierte Benzolringe erinnert. C$_{60}$ reagiert mit Nucleophilen; der Cluster ist polyfunktionell, so daß die Produktbildung nicht selektiv erfolgt. Will man die Anzahl der Tertiär-Butyl- oder Ethylsubstituenten feststellen, die in den Cluster eingebaut werden, so kann man gegen ^{t}BuLi oder EtMgBr titrieren; nach der Protonierung werden die monoalkylierten Derivate C$_{60}$H^{t}Bu beziehungsweise C$_{60}$HEt gebildet. Diese können zu mehrfach substituierten Derivaten weiterreagieren.

Aus C$_{60}$ entsteht durch Birch-Reduktion (Gl. 2.4) ein Isomerengemisch von C$_{60}$H$_{36}$. Durch nachfolgende Oxidation mit Chinon (Gl. 2.4) kann man den reinen C$_{60}$-Cluster zurückgewinnen. In Gl. 2.5 finden Sie die Reduktionspotentiale für die schrittweise Reduktion von C$_{60}$ und C$_{70}$. Es fällt sofort auf, daß die ersten beiden Reduktionsschritte für beide Cluster energetisch sehr ähnlich sind, sich [C$_{70}$]$^{2-}$ aber leichter als [C$_{60}$]$^{2-}$ zum Trianion reduzieren läßt.

$$C_{60} \xrightleftharpoons{\text{Li/flüss. NH}_3/\ ^t\text{BuOH}} C_{60}H_{36} \qquad \text{Gl. 2.4}$$

(mit NC-substituiertem Chinon: 2,3-Dichlor-5,6-dicyano-1,4-benzochinon)

$$C_{60} \xrightleftharpoons{-612\ \text{mV}} [C_{60}]^- \xrightleftharpoons{-1000\ \text{mV}} [C_{60}]^{2-} \xrightleftharpoons{-1482\ \text{mV}} [C_{60}]^{3-}$$

$$C_{70} \xrightleftharpoons{-616\ \text{mV}} [C_{70}]^- \xrightleftharpoons{-988\ \text{mV}} [C_{70}]^{2-} \xrightleftharpoons{-1404\ \text{mV}} [C_{70}]^{3-}$$

Gl. 2.5

Die Reduktionspotentiale in Gl. 2.5 wurden gegen eine Standard-Kalomelelektrode gemessen.

Eine Erweiterung (Inflation) des C$_{60}$-Clusters kann bei Reaktion mit Diphenyl-diazomethan auftreten (Abb. 2.10). Durch Röntgenbeugungsexperimente an C$_{61}$(C$_6$H$_4$-4-Br)$_2$ wurde die Struktur des Produkts bestätigt. An der Position des Fullerens, an der das Diphenylmethylen-Fragment addiert wurde, beträgt der Kohlenstoff-Kohlenstoff-Abstand nun 1.84 Å – man folgert, daß C$_{60}$ sich zu C$_{61}$ aufgeweitet hat.

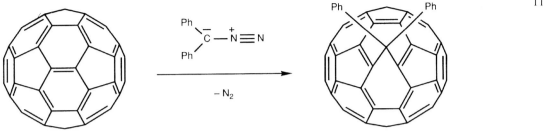

Abb. 2.10 Erweiterung (Inflation) des C_{60}-Clusters.

In einigen Reaktionen mit Übergangsmetallkomplexen (Abb. 2.11) wurde gezeigt, daß die C_6–C_6-Bindung die reaktivere ist. Erinnern Sie sich, daß wir diesen C_6–C_6-Kanten Doppelbindungscharakter zugeordnet haben! C_{60} verdrängt Ethen aus $(Ph_3P)_2Pt(\eta^2$-$C_2H_4)$. Eine mit $(Ph_3P)_2Pt(\eta^2$-$C_{60})$ verwandte Struktur ist $\{(Et_3P)_2Pt\}_6(C_{60})$: hier sind sechs PtL_2-Reste (L = Phosphan) an sechs verschiedene C_6–C_6-Begegnungspositionen gebunden. In Additionsreaktionen mit $(Ph_3P)_2Ir(CO)Cl$ verhalten sich sowohl C_{60} als auch C_{70} ähnlich wie Alkene, es entstehen $(\eta^2$-$C_{60})Ir(CO)Cl(PPh_3)_2$ bzw. $(\eta^2$-$C_{70})Ir(CO)Cl(PPh_3)_2$. In beiden Fällen werden die beiden Kohlenstoffatome, die die Bindung zum Übergangsmetall eingehen, aus dem Clusterverband heraus in Richtung des Metallatoms gedrückt.

Bindungsmöglichkeiten eines Alkens an ein Metallatom.

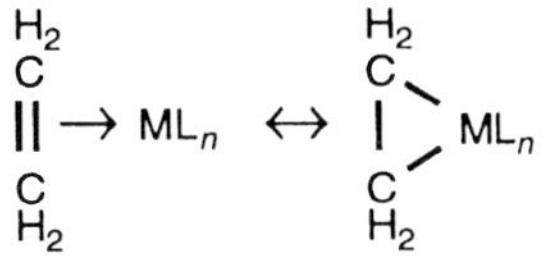

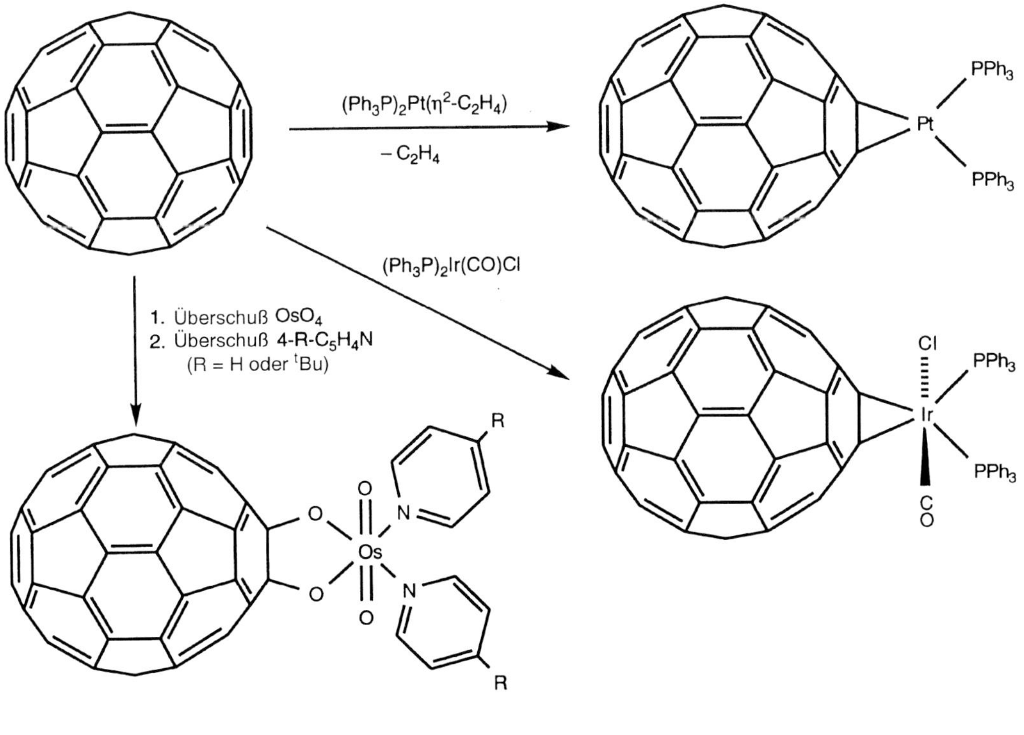

Abb. 2.11 Ausgewählte Reaktionen von C_{60} mit Übergangsmetallkomplexen; sämtliche Produkte wurden bereits röntgenkristallographisch charakterisiert.

12 *Elementcluster*

Die Osmylierung von C_{60} in Gegenwart einer Pyridinbase (Abb. 2.11) liefert das Adduktt $C_{60}O_2Os(O)_2(NC_5H_4\text{-}4\text{-}R)_2$ (R = H oder ^{t}Butyl). Ist R = ^{t}Bu, macht sich der Verlust des π-Charakters der C_6–C_6-Bindung, die mit dem Osmiumfragment in Wechselwirkung tritt, durch eine Aufweitung der C–C-Bindungslänge von 1.45 Å in C_{60} auf 1.62 Å in $C_{60}O_2Os(O)_2(NC_5H_4\text{-}^tBu)_2$ bemerkbar.

In den Hohlraum eines Fullerens kann ein Metallatom passender Größe eingebaut werden. Bei Laserverdampfung von Graphit, das mit La_2O_3 getränkt wurde, entsteht LaC_{60} - aus ESR-spektroskopischen Daten weiß man, daß es sich hierbei eigentlich um $[La^{3+}][C_{60}^{3-}]$ handelt. Ein solches Fulleren mit eingeschlossenem Metallatom M nennt man *endohedrales Metallafulleren*, symbolisch ausgedrückt M@C_x. Man findet derartige Spezies auch für andere Wirtsfullerene, so zum Beispiel Sc_2@C_{82}, Sc_3@C_{82}, U@C_{28}, K@C_{44} oder Cs@C_{48}.

Durch kontrollierte Verunreinigung von C_{60} mit Kalium oder Rubidium erhält man K_3C_{60} beziehungsweise Rb_3C_{60}. Bei Zimmertemperatur haben diese Verbindungen metallische Eigenschaften, unterhalb von –255 °C beziehungsweise –245 °C sind sie supraleitend. Bemerkenswert ist diese im Vergleich zu anderen Supraleitern hohe Sprungtemperatur, wodurch das Interesse an der Fullerenchemie im allgemeinen immens gesteigert wurde.

2.3 Weißer Phosphor, P_4

Strukturelle und thermodynamische Aspekte

Bei Kondensation von Phosphordampf bildet sich weißer Phosphor als metastabiler Zustand. Kristalliner weißer Phosphor kommt in zwei strukturellen Modifikationen vor. Unterhalb von –77 °C existiert die hexagonale β-Form, bei höheren Temperaturen findet man die kubische α-Form. Beide Modifikationen sind aus diskreten P_4-Molekülen aufgebaut (Abb. 2.12), die auch bestehenbleiben, wenn weißer Phosphor schmilzt (44 °C) oder verdampft (281 °C). Oberhalb von 554 °C dissoziiert P_4 in zwei P_2-Bausteine; für diesen Prozeß muß eine Dissoziationsenergie von 217 kJ mol^{-1} (bezogen auf $P_4 \rightarrow 2P_2$) aufgewendet werden. Löst man weißen Phosphor in nichtwäßrigen Lösungsmitteln wie CS_2, PCl_3 oder flüssigem Ammoniak, bleiben die P_4-Einheiten ebenfalls erhalten. P_4 ist in Wasser nicht löslich; man bewahrt ihn unter Wasser auf, um Oxidationen zu vermeiden (Abb. 2.13).

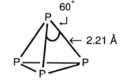

Abb. 2.12 P_4-Molekül. Die Geometrieparameter stammen aus einer Gasphasen-Elektronenbeugungsmessung.

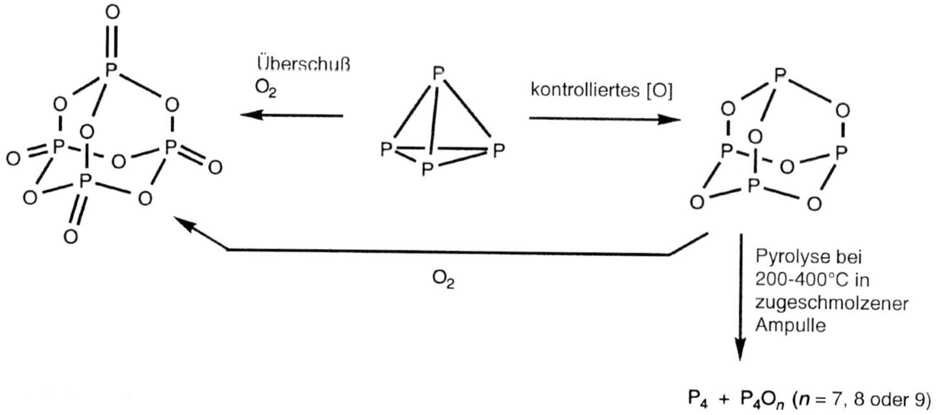

Abb. 2.13 Oxidation von P_4.

Reaktivität von P$_4$

Weißer Phosphor ist weich und leicht entzündlich. An der Luft findet spontane Oxidation zu P$_4$O$_{10}$ (gewöhnlich als Phosphorpentoxid, P$_2$O$_5$, bezeichnet) statt; ist das Sauerstoffangebot beschränkt, verläuft die Oxidation nur bis zum P$_4$O$_6$. Bei hohen Temperaturen disproportioniert P$_4$O$_6$ in P$_4$ und höhere Oxide (Abb. 2.13). Mit Wasser reagiert weißer Phosphor nicht, jedoch wird in wäßrigen Alkalilösungen das Hypophosphit-Anion (Gl. 2.6) gebildet.

Die Strukturen von Phosphoroxiden und verwandten Verbindungen werden in Abschnitt 3.8 diskutiert. Für die Bindungsverhältnisse in P$_4$, P$_4$O$_6$ und P$_4$O$_{10}$ siehe Abschnitt 4.3.

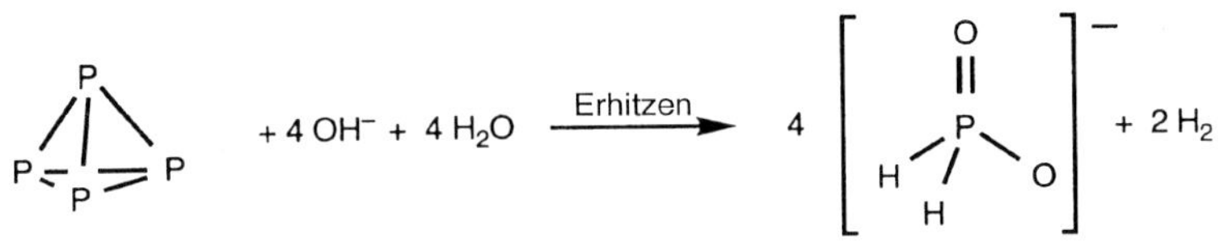

$$P_4 + 4\,OH^- + 4\,H_2O \xrightarrow{\text{Erhitzen}} 4\,[H_2PO_2]^- + 2\,H_2 \qquad \text{Gl. 2.6}$$

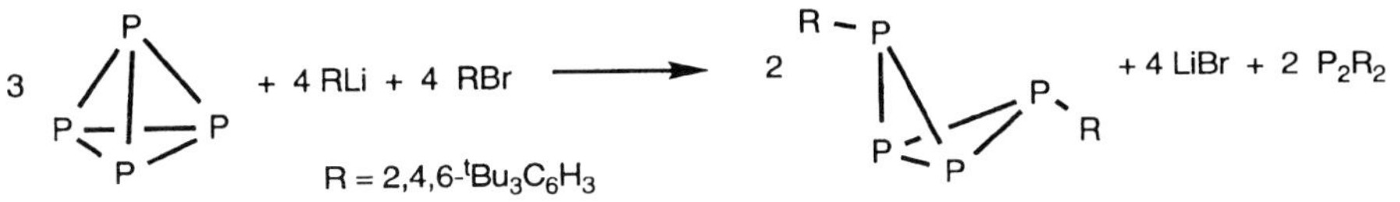

$$3\,P_4 + 4\,RLi + 4\,RBr \longrightarrow 2\,P_4R_2 + 4\,LiBr + 2\,P_2R_2 \qquad \text{Gl. 2.7}$$

R = 2,4,6-^{t}Bu$_3$C$_6$H$_3$

Bei Reduktion öffnet sich das P$_4$-Tetraeder zu einer *butterfly-* (Schmetterlings-) Konformation (Gl. 2.7). Der innere Diederwinkel von *butterfly-*P$_4$ beträgt 95.5°, die Substituenten sind in *exo, exo*-Konfiguration angeordnet.

In einem *butterfly-* oder ähnlichen Cluster bezeichnet man *exo-* und *endo-*Substituenten wie folgt:

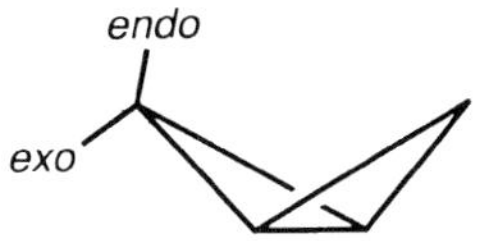

$$23\,P_4 + 12\,LiPH_2 \longrightarrow 6\,Li_2P_{16} + 8\,PH_3 \qquad \text{Gl. 2.8}$$

Bei Behandlung von weißem Phosphor mit LiPH$_2$ (Gl. 2.8) bildet sich vor allem Li$_2$P$_{16}$, außerdem Li$_3$P$_7$. Verändert man die Mengenverhältnisse der Reaktanten in Gl. 2.8, so kann man statt zu Li$_2$P$_{16}$ zu Li$_3$P$_{21}$ oder Li$_4$P$_{26}$ gelangen. Wie [P$_{16}$]$^{2-}$ (Abb. 2.14) haben auch die Anionen [P$_{21}$]$^{3-}$ und [P$_{26}$]$^{4-}$ Strukturen, die einem Allotrop des Elements ähneln, nämlich dem monoklinen oder Hittorfschen Phosphor (Abb. 2.15). Aus ^{31}P-NMR-spektroskopischen Daten wurde abgeleitet, daß in Lösungen von Li$_2$P$_{16}$, Li$_3$P$_{21}$ und Li$_4$P$_{26}$ diskrete Anionen [P$_{16}$]$^{2-}$, [P$_{21}$]$^{3-}$ beziehungsweise [P$_{26}$]$^{4-}$ existieren. Jedes zweifach koordinierte Phosphoratom trägt dabei formal eine negative Ladung.

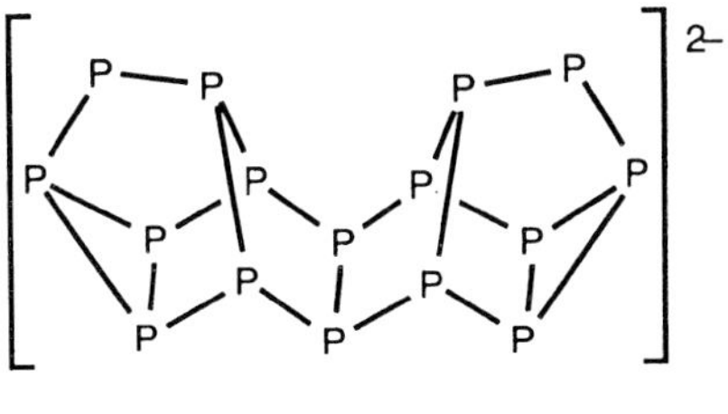

Abb. 2.14 Struktur des Dianions [P$_{16}$]$^{2-}$.

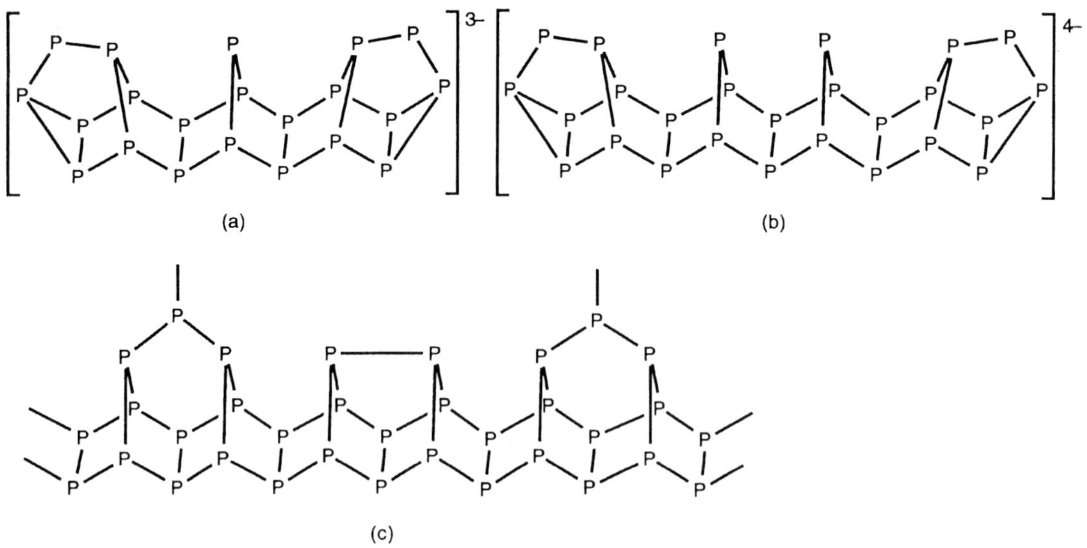

Abb. 2.15 Struktur von (a) $[P_{21}]^{3-}$, (b) $[P_{26}]^{4-}$ und (c) monoklinem (Hittorfschem) Phosphor.

Die 18-Elektronen-Regel

Die 18-Elektronen-Regel entspricht einer Erweiterung der Oktettregel auf Übergangsmetalle. In einer niedrigen Oxidationsstufe nimmt ein Übergangsmetall so lange Elektronen von Donorliganden auf, bis die Gesamtzahl der Valenzelektronen (VE) am Metall 18 beträgt.
So benötigt Ni(0) mit seiner Grundzustands-Elektronenkonfiguration $4s^2\ 3d^8$ (10 VE) noch acht Elektronen von den Liganden und bildet Komplexe wie $Ni(CO)_4$ mit vier 2-Elektronen-Donoren.

An jedem Phosphoratom in P_4 befindet sich ein nichtbindendes („freies") Elektronenpaar, der Cluster kann daher als Lewis-Base fungieren. In Abb. 2.16a sehen Sie, wie durch Koordination eines P_4-Liganden an das Nickel-Zentrum die Donorbindung vom Stickstoff des $(Ph_2PCH_2CH_2)_3N$-Liganden aufgebrochen wird. Die 18-Elektronen-Regel ist sowohl für den Ausgangs- als auch für den Produktkomplex erfüllt. Die Reaktion von P_4 mit $(Ph_3P)_3RhCl$ liefert $(Ph_3P)_2RhCl(\eta^2-P_4)$ – hier treten zwei Phosphoratome des P_4-Liganden mit dem Metallzentrum in Wechselwirkung (Abb. 2.16b). Im Ausgangskomplex befinden sich 16 VE am Rhodium-(I)-Zentral-Ion, im Produkt ist die 18-Elektronen-Regel erfüllt.

Nicht alle Reaktionen von weißem Phosphor mit Übergangsmetallkomplexen führen zu einfachen Koordinationsverbindungen. In Abb. 2.7 sehen Sie ein ganzes Spektrum beobachteter Reaktionswege. Ein Aufbruch des P_4-Clusters erfolgt im einfachsten Fall durch Austausch eines Phosphoratoms gegen ein isolobales Übergangsmetallfragment wie $\{Cp^*Cr(CO)_2\}$ oder $\{Co(CO)_3\}$. In der Reaktion von P_4 mit $Co_2(CO)_8$ findet eine schrittweise Substitution statt, es entstehen $Co(CO)_3P_3$, $Co(CO)_6P_2$ und $Co_3(CO)_9P$, die alle einen tetraedrischen Clusterkern aufweisen. Die Phosphoratome können sich auch umordnen, so daß cyclische Liganden gebildet werden (η^3-P_3, η^4-P_4, η^5-P_5 und η^6-P_6). Die Reaktion von P_4 mit $Cp^*Ti(CO)_2$ schließlich führt zu $Cp^*_2Ti_2P_6$ (Abb. 2.17) mit *cuban*artiger Struktur.

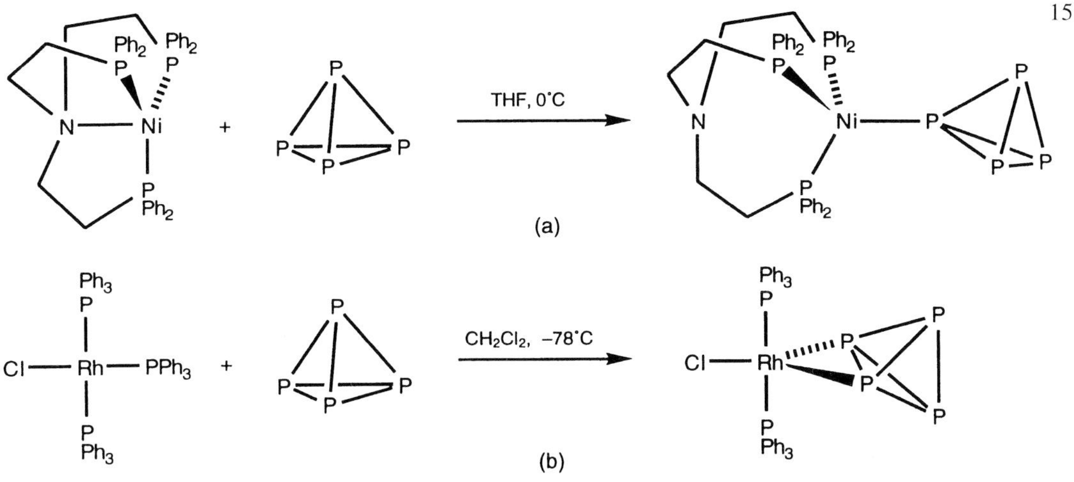

Abb. 2.16 Koordinationsmöglichkeiten von P_4 in (a) Ni{N(CH$_2$CH$_2$PPh$_2$)$_3$} {σ-P_4} und (b) *trans*-Rh(PPh$_3$)$_2$Cl{η^2-P_4}.

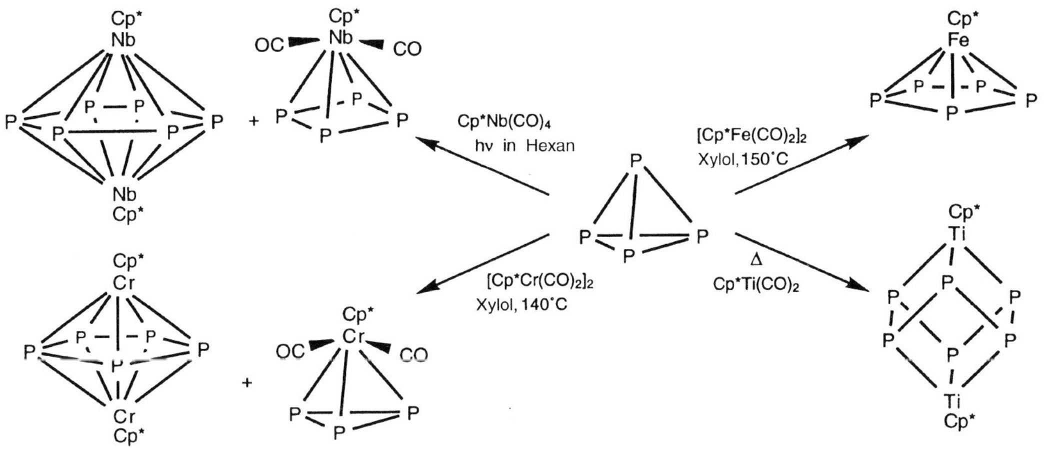

Abb. 2.17 Reaktionen von weißem P_4 mit Pentamethylcyclopentadienyl- (Cp*-) Carbonylderivaten ausgewählter Übergangsmetalle.

2.4 Arsen, Antimon und Bismut

In der Gasphase existiert Arsen in Form tetraedrischer As$_4$-Moleküle. Mittels Raman-Spektroskopie der matrixisolierten Spezies wurde deren Symmetrie (T_d) bestätigt. Bei relativ niedrigen Temperaturen besteht Antimondampf hauptsächlich aus Sb$_4$-Molekülen. Matrixisolierte Messungen wiesen dies sowie die gleichzeitige Anwesenheit von Sb$_2$ und Sb$_3$ nach. Analog fand man – anhand von Elektronenspektren von Bi$_n$ in festen Neon- oder Argon-Matrices –, daß Bi$_4$- neben Bi$_2$-Molekülen auftreten. Weder As$_4$ noch Sb$_4$ oder Bi$_4$ sind jedoch bei Zimmertemperatur erhältlich, so daß sie keinerlei synthetische Verwendung finden. Bei Zimmertemperatur und Normaldruck weisen Arsen, Antimon und Bismut Strukturen auf, die dem dreidimensionalen Netz gefalteter Sechsringe des schwarzen Phosphors ähneln.

3 Strukturprinzipien

exo-Substituent: Atom (oder Atomgruppe), das über eine lokalisierte 2-Zentren-2-Elektronen-Bindung an die *Außenseite* eines Clusters gebunden ist.

endo-Substituent: Atom (oder Molekülfragment), das eine Kante eines Clustergerüstes überbrückt bzw. eine Seite überdacht und dessen Elektronen an der Cluster-Gerüstbindung beteiligt sind.

3.1 Bor

Neutrale Borane und Hydroborat-Dianionen

Borhaltige Clustermoleküle und Ionen bilden die größte Gruppe von Clustern, die von einem einzelnen p-Block-Element gebildet werden. Dabei sind, den empirischen Formeln nach, Borane und Boran-Anionen (Hydroborate) die einfachsten Vertreter. Als Borane bezeichnet man Verbindungen, die nur Bor und Wasserstoff enthalten, also Borhydride. Die Moleküle lassen sich in verschiedene Gruppen einteilen – entsprechend der Summenformel und ihrer räumlichen Anordnung (ein oder mehrere gekoppelte Polyeder). Dabei leiten sich alle Strukturen von Polyedern ab, die nur dreieckige Flächen besitzen – diese und einige weitere, auch quadratische Flächen enthaltende Gebilde sind auf der inneren Umschlagseite dieses Buches abgebildet.

Einteilung der Boran-Cluster mit Beispielen

einzelnes Polyeder	*closo*	$[B_nH_n]^{2-}$	n = 6-12
einzelnes Polyeder	*nido*	B_nH_{n+4}	n = 5, 6, 8, 10, 11
einzelnes Polyeder	*arachno*	B_nH_{n+6}	n = 4, 5, 6, 9
einzelnes Polyeder	*hypho*	B_nH_{n+8}	
Polyeder verbunden über gemeinsames B-Atom		$B_7H_{13} = \{B_5H_8\}\{B_2H_5\}$	
Polyeder verbunden über *exo*-B-B-Bindung	{*nido*}$_2$	$\{B_nH_{n+3}\}_2$	n = 5,10
Polyeder verbunden über *exo*-B-B-Bindung	{*arachno*}$_2$	$\{B_nH_{n+5}\}_2$	n = 4
Polyeder verbunden über gemeinsame B-B-Kante		$B_{12}H_{16}$, $B_{13}H_{19}$, $B_{14}H_{18}$, $B_{14}H_{20}$, $B_{16}H_{20}$, $B_{18}H_{22}$	
Polyeder verbunden über gemeinsame B_3-Fläche		$B_{20}H_{16}$	

Nomenklatur der Boran-Cluster

Im Namen sind die Anzahl der Boratome bzw. der Wasserstoffatome sowie die Ladung angegeben. Dabei steht für die Anzahl der B-Atome eine griechische Vorsilbe (Ausnahmen: Latein für Nona- (9) und Undeca- (11)). Die Anzahl der H-Atome wird als arabische Zahl in Klammern hinter dem Namen vermerkt; gegebenenfalls steht dort auch die Ladung (siehe Beispiel). Will man ganz exakt sein, gibt man auch die Clustergruppe mit an.

B_4H_{10}	Tetraboran(10)	*arachno*-Tetraboran(10)
B_5H_9	Pentaboran(9)	*nido*-Pentaboran(9)
B_5H_{11}	Pentaboran(11)	*arachno*-Pentaboran(11)
B_6H_{10}	Hexaboran(10)	*nido*-Hexaboran(10)
$[B_6H_6]^{2-}$	Hexahydrohexaborat(2–)	Hexahydro-*closo*-hexaborat(2–)
$B_{10}H_{14}$	Decaboran(14)	*nido*-Decaboran(14)
$B_{10}H_{16} = \{B_5H_8\}_2$	1,1´- oder 1,2´- oder 2,2´-Decaboran(16)	*conjuncto*-1,1´- oder -1,2´- oder 2,2´-Decaboran(16)

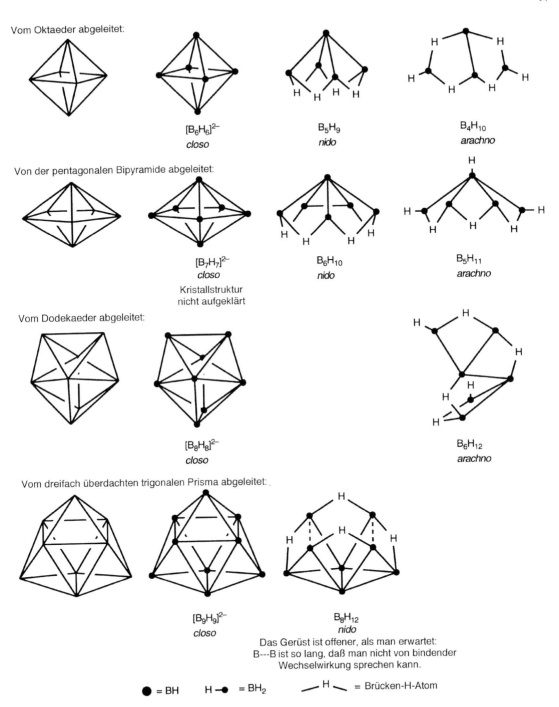

Abb. 3.1 Strukturen von *closo*-Hydroborat-Dianionen sowie *nido*- und *arachno*-Boranen, die aus einem einzelnen Polyeder bestehen.

18 Strukturprinzipien

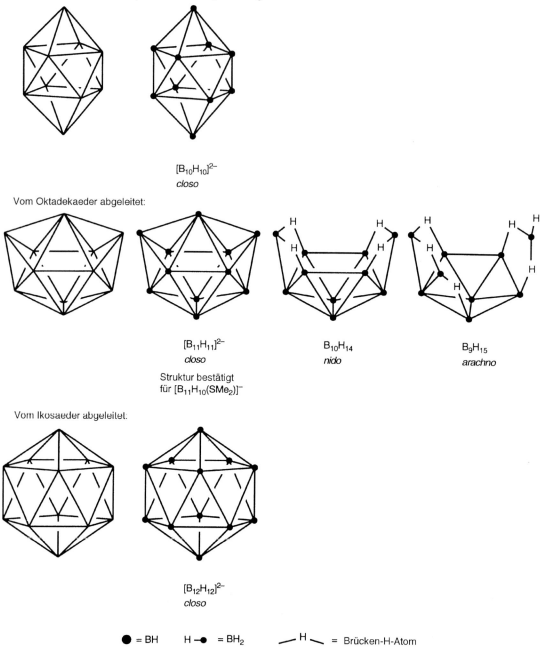

Abb. 3.1 (Fortsetzung) Strukturen von *closo*-Hydroborat-Dianionen sowie *nido*- und *arachno*-Borane, die aus einem einzelnen Polyeder bestehen.

In Abb. 3.1 sehen Sie die räumliche Struktur der *closo*-Hydroborat-Dianionen und neutralen *nido*- und *arachno*-Borane. Dabei besteht jedes Dianion $[B_nH_n]^{2-}$ aus einem geschlossenen *(closo)* Deltaeder. Die Verbindungen B_nH_{n+4} und B_nH_{n+6} besitzen offenere Grundstrukturen; sie leiten sich vom geschlossenen Deltaeder durch Entfernung einer *(nido*-Cluster) beziehungsweise zweier *(arachno*-Cluster) Ecken ab. An jedes Boratom in $[B_nH_n]^{2-}$ und B_nH_{n+4} sowie ihren Derivaten ist je ein terminales Wasserstoffatom gebunden; in B_nH_{n+6} gibt es Boratome niedrigerer Bindigkeit, die zu zwei terminalen Wasserstoffatomen Bindungen knüpfen können. Durch Verbindung zweier oder mehrerer polyedrischer Grundstrukturen entstehen *conjuncto*-Borane.

Sind mehrere Cluster über lokalisierte 2-Zentren-2-Elektronen-*exo*-B–B-Bindungen verknüpft, kann man sie leicht anhand ihrer Bausteine aus der Summenformel identifizieren. So wurde $\{B_5H_8\}_2$ aus zwei B_5H_9-Einheiten gebildet, indem je eine B–H-Bindung durch eine gemeinsame B–B-Bindung ersetzt wurde. In jedem B_5H_9-Cluster gibt es zwei verschiedene Sorten von Boratomen – an der Spitze liegende und auf einer viereckigen Grundfläche liegende (Abb. 3.2). Für die Verknüpfung zweier B_5H_8-Fragmente bestehen demzufolge genau drei Möglichkeiten. In ähnlicher Weise hat man sich den Aufbau von $\{B_4H_9\}_2$, (aus zwei B_4H_{10}-Bausteinen), $\{B_4H_9\}\{B_5H_8\}$ (aus B_5H_9 und B_4H_{10}) oder $\{B_{10}H_{13}\}_2$ (aus zweimal B_4H_{10}) vorzustellen. Verwandt mit $\{B_{10}H_{13}\}_2$ ist der Dreifachcluster $\{B_{10}H_{13}\}\{B_{10}H_{12}\}\{B_{10}H_{13}\}$, für den man 546 mögliche Isomere (darunter Enantiomere) formulieren kann.

Die Bezeichnungen *closo*, *nido* und *arachno* wurden abgeleitet aus *clovis* (latein. „Käfig"; griech. κλωβος), *nidus* (latein. „Nest") bzw. αραχνη (griech. „Netz").

Details zu den Beziehungen zwischen den Clustergruppen finden Sie in Abschn. 4.6.

Verknüpfte Boran-Gerüste nennt man *conjuncto*-Cluster.

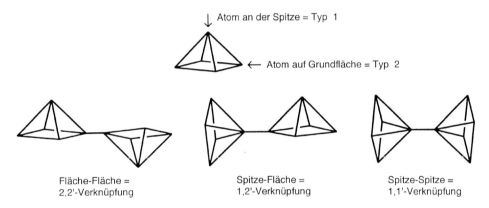

Abb. 3.2 Numerierung der Atome in Grundgerüst B_5H_9 und verschiedene Verknüpfungsmöglichkeiten in $\{B_5H_8\}_2$. Alle drei Isomere sind bekannt.

Die Struktur $\{B_5H_8\}\{B_2H_5\}$ entsteht, indem eine BH-Ecke eines B_5H_9-Clusters durch eine $\{B_3H_5\}$-Einheit ersetzt wird. Die beiden Substrukturen teilen sich ein gemeinsames Boratom (Abb. 3.3).

Abb. 3.3 Formale Verknüpfung zweier B_n-Gerüste zur $\{B_5H_8\}\{B_2H_5\}$-Struktur.

In $B_{12}H_{16}$, $B_{13}H_{19}$, $B_{14}H_{18}$ und $B_{18}H_{22}$ sind die beiden *Halbcluster* über eine gemeinsame B–B-Kante miteinander verbunden. Speziell in $B_{18}H_{22}$ sind die Halbcluster äquivalent (zwei kondensierte $B_{10}H_{14}$-Cluster). Für die Verknüpfung sind mehrere Möglichkeiten denkbar; zwei Isomere wurden bereits expe-

20 *Strukturprinzipien*

rimentell nachgewiesen. Das *anti-* oder *n-*Isomer besitzt ein Symmetriezentrum (Abb. 3.4), das *syn-* oder *iso-*Isomer dagegen nicht.

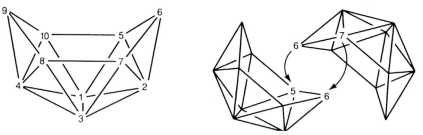

Abb. 3.4 Numerierung der Atome in $B_{10}H_{14}$, Verknüpfung zweier *arachno-*B_{10}-Grundgerüste zum zentrosymmetrischen (*anti-*) Isomer von $B_{18}H_{22}$. Hier teilen sich die beiden ursprünglichen B_{10}-Moleküle eine B–B-Kante.

Carbaborane

Die Fragmente $\{BH\}^-$ und $\{CH\}$ sind isoelektronisch; so ist es denkbar, daß in einem Boran- oder Hydroboratcluster das erstere gegen das letztere ausgetauscht wird. Polyedrische Cluster, die sowohl Bor- als auch Kohlenstoffatome enthalten, nennt man *Carbaborane* (Abb. 3.5) oder auch *Carborane*.

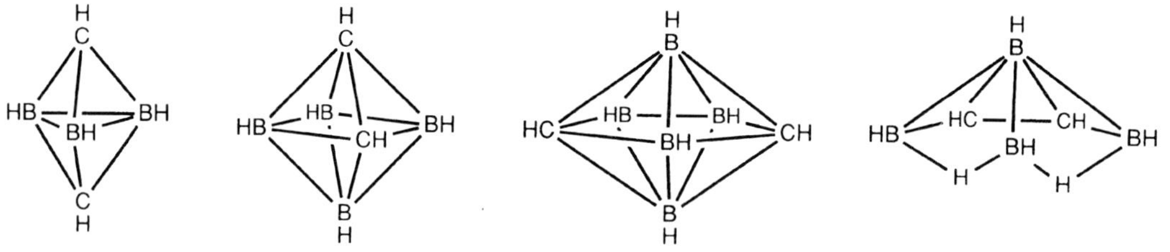

$1,5$-$C_2B_3H_5$	$1,2$-$C_2B_4H_6$	$2,4$-$C_2B_5H_7$	$2,3$-$C_2B_4H_8$
verwandt mit $[B_5H_5]^{2-}$ (hypothetisch)	verwandt mit $[B_6H_6]^{2-}$	verwandt mit $[B_7H_7]^{2-}$	verwandt mit B_6H_{10}

Abb. 3.5 Ausgewählte Carbaboran-Cluster. Das strukturverwandte und isoelektronische Boran bzw. Hydroborat-Dianion ist jeweils angegeben.

Für Carbaborane gilt dieselbe Klassifizierung wie für die Borane; sie bilden eine strukturell vielfältige Gruppe von Clusterverbindungen. Die Isomere des *closo-*$C_2B_{10}H_{12}$ (Abb. 3.6) gehören zu den am besten untersuchten Vertretern. Bei Clustern mit einem C_xB_y-Grundgerüst gilt gewöhnlich $y > x$. Das vergleichsweise seltene Auftreten kohlenstoffreicher Carbaborane mit $x > y$ kann man sich anhand folgender Überlegung erklären: Jede eingeführte $\{CH\}$-Einheit ersetzt ein $\{BH\}^-$- oder $\{BH_2\}$-Fragment. Geht man von einem *closo-*Hydroborat-Dianion aus, sind demnach nur zwei CH-Ecken notwendig, damit der Cluster insgesamt neutral wird. Kationische Cluster kommen für Elemente der Gruppen 13 und 14 nicht häufig vor. In ein *nido-*Boran B_nH_{n+4} lassen sich bis zu vier Kohlenstoffatome einbauen, ohne daß sich die Molekülladung umkehrt. Die

Struktur eines der beiden Isomere von $C_4Me_4B_4H_4$ leitet sich von B_8H_{12} ab, $C_4Me_4B_2H_2$ ist mit B_6H_{10} verwandt. Theoretisch ist zwar eine Reihe von Carbaboranen mit relativ hohem Kohlenstoffgehalt (abgeleitet von bekannten *nido-* und *arachno-*Boranen) denkbar, in der Praxis wurden jedoch bisher nur sehr wenige Cluster dieses Typs erhalten.

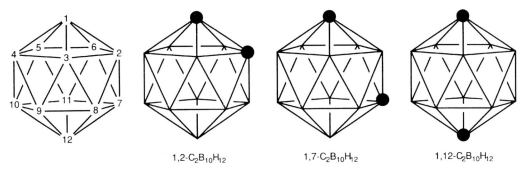

Abb. 3.6 Numerierung der Ecken des Ikosaeders; die drei Isomere von *closo-*$C_2B_{10}H_{12}$.

Isoelektronische Verbindungen

Isoelektronisch im eigentlichen Sinn nennt man Moleküle, Ionen oder Molekülfragmente, die die gleiche Anzahl von Valenz- *und* inneren (Core-) Elektronen besitzen. Häufig wird der Begriff jedoch auch verwendet, wenn lediglich die Anzahl der Valenzelektronen übereinstimmt.

Berücksichtigt man nur die Valenzelektronen, sind folgende Fragmente isoelektronisch:
$\{BH\}^-$, $\{CH\}$, $\{CMe\}$, $\{NH\}^+$, $\{AlMe\}^-$, $\{SiEt\}$

Die nachstehenden tetraedrischen Cluster besitzen die gleiche Anzahl an Gerüst-Valenzelektronen und werden daher ebenfalls als isoelektronisch betrachtet:
P_4, As_4, Bi_4, Sb_4, $Si_4(Si^tBu_3)_4$, $C_4{}^tBu_4$

Heteroborane

Neben $\{CH\}$ gibt es eine Reihe weiterer Fragmente, die mit $\{BH\}^-$ isoelektronisch sind und daher leicht in Boran-Cluster eingebaut werden können. Wie in Kapitel 4 noch genauer erläutert werden soll, entscheidet die Anzahl der *Valenz*elektronen eines Fragments, ob dieses an die Stelle einer Monoboran-Ecke im Cluster treten kann. Analog zu $\{CH\}$ eignen sich $\{CR\}$ und $\{SiR\}$ (R = Alkyl- oder Arylrest). Ein Zinn- oder Bleiatom mit einem nichtbindenden Elektronenpaar in *exo*-Stellung kann eine neutrale $\{BH\}$-Gruppe ersetzen, anstelle von $\{BH\}^{2-}$ sind $\{NH\}$ oder $\{S\}$ denkbar. Man kann diese Austauschprozesse gut vergleichen mit der Bildung eines sekundären Amins oder Ethers aus einem Alken, indem eine $\{CH_2\}$-Einheit durch $\{NH\}$ oder $\{O\}$ ersetzt wird. Durch Substitution von Fragmenten, die Hauptgruppenelemente enthalten, gelangt man zu einer großen Vielfalt von Heteroboran-Clustern; eine Auswahl sehen Sie in Abb. 3.7.

In Abb. 3.7 wird außerdem der Einbau eines $\{AlMe\}$-Fragments anstelle einer $\{BH\}$-Ecke in $[B_{12}H_{12}]^{2-}$ gezeigt. In ähnlicher Weise ist AlB_4H_{11} strukturverwandt mit *arachno-*B_5H_{11}. Einbau von $\{GaR\}$ oder $\{InR\}$ in Borane oder Carbaborane liefert Gallaborane, Gallacarbaborane, Indaborane bzw. Indacarbaborane; Beispiele sind 2-GaB_3H_{10} (Abb. 3.8), 1-Me-1-E-2,3-$C_2B_4H_6$ (E = Ga oder In, Abb. 3.7) und 1-Et-1-Ga-2,3-$C_2B_9H_{11}$. Ein „nacktes" Thalliumatom

22 *Strukturprinzipien*

tritt in [3-Tl-1,2-C$_2$H$_9$B$_{11}$]$^-$ auf – allerdings ist aus den langen Tl–B- (2.66 Å bis 2.74 Å) und Tl–C-Abständen (2.91 Å und 2.92 Å) zu schließen, daß man diese Verbindung sinnvoller als Ionenpaar formuliert: [Tl]$^+$[1,2-C$_2$B$_9$H$_{11}$]$^{2-}$.

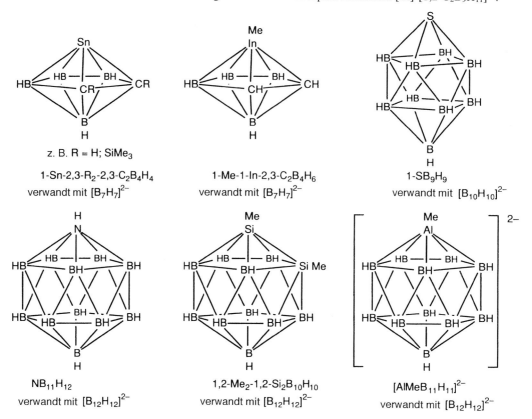

Abb. 3.7 Ausgewählte Heteroboran-Cluster. Das verwandte Boran bzw. Hydroborat-Dianion ist jeweils angegeben.

commo bedeutet, daß zwei Cluster über dieses gemeinsame Atom verknüpft sind.

Durch Einbau von Siliciumatomen in Boran-Cluster kann man theoretisch eine Reihe von Verbindungen erhalten, die den Carbaboranen homolog sind (da {SiH} äquivalent {CH} ist). Nur wenige derartige Verbindungen wurden allerdings tatsächlich gefunden, so zum Beispiel 1,2-Me$_2$-Si$_2$B$_{10}$H$_{12}$ (Abb. 3.7) und *commo*-3,3´-(3-Si-1,2-C$_2$B$_9$H$_{11}$)$_2$ (Abb. 3.9).

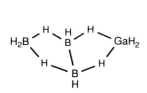

Abb. 3.8 2-GaB$_3$H$_{10}$, ein Analogon des B$_4$H$_{10}$.

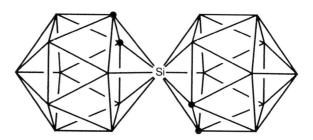

Abb. 3.9 In *commo*-3,3´-(3-Si-1,2-C$_2$H$_9$B$_{11}$)$_2$ sind zwei C$_2$B$_9$-Fragmente durch ein gemeinsames Si-Atom verknüpft. – Für die Numerierung der Ecken des Ikosaeders siehe Abb. 3.6.

Borhaltige Cluster außer polyedrischen Boranen

Die Borhalogenide B_4Cl_4, B_8Cl_8 und B_9Cl_9 bilden geschlossene deltaedrische B_n-Gerüste aus (Abb. 3.10). B_9Br_9 ist isostrukturell mit B_9Cl_9. Weitere gleichartige Verbindungen sind B_nCl_n mit $n = 10–12$, B_nBr_n mit $n = 7–10$, B_nI_n mit $n = 8$ oder 9 sowie einige verknüpfte Strukturen wie $\{B_9Br_8\}_2$. Fluoride sind bisher nicht bekannt. Es fällt auf, daß diese Moleküle *ungeladen* sind und trotzdem geschlossene Gerüste aufweisen. Auch für die Dianionen $[B_nX_n]^{2-}$ ($n = 6, 9$; X = Cl, Br, I) und $[B_nX_n]^{2-}$ ($n = 10, 12$; X = Cl, Br) findet man geschlossene deltaedrische B_n-Grundstrukturen. Dies steht in gewissem Widerspruch zu den Strukturen der Borhydride – hier kennt man *closo*-Spezies nur als Dianionen $[B_nH_n]^{2-}$, neutrale Analoga existieren nicht. Andererseits gibt es einen *neutralen* stabilen Cluster $B_4{}^tBu_4$, dessen geschlossene tetraedrische Grundstruktur der von B_4Cl_4 entspricht, wie kristallographisch nachgewiesen werden konnte. Die mittleren B–B-Bindungslängen in B_4Cl_4 und $B_4{}^tBu_4$ sind gleich (1.71 Å).

Normalerweise findet man bei Boranen und Carboranen keine „klassischen" 2-Zentren-2-Elektronen-Bindungen; allerdings gibt es einige Ausnahmen. Ein Boratom ist bestrebt, sich in einen Cluster einzuordnen, um aus seinen drei Valenzelektronen so effektiven Nutzen wie möglich zu ziehen. Ist jedoch ein π-Elektronen-Donor vorhanden, muß dazu nicht notwendig ein deltaedrisches Clustergerüst aufgebaut werden. Ein solcher Fall ist $C_2H_2B_4(N^iPr_2)_4$ (Abb. 3.11). Jedes der Stickstoffatome gibt hier ein nichtbindendes Elektronenpaar in ein leeres 2p-Orbital des benachbarten Boratoms ab.

Zur Erinnerung: Ein Boratom hat weniger Valenzelektronen als Valenzorbitale!

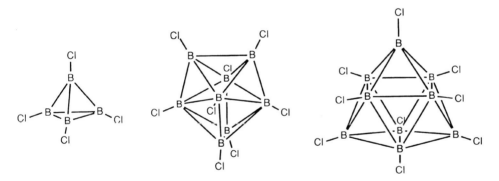

Abb. 3.10 Strukturen von B_4Cl_4 (Tetraeder), B_8Cl_8 (Dodekaeder) und B_9Cl_9 (dreifach überdachtes trigonales Prisma).

Es gibt eine beachtliche Anzahl von Ringverbindungen, die aus Bor- und Stickstoffatomen bestehen; entsprechende Cluster sind jedoch selten. Dies gilt auch für B–P-, B–As-, B–O-, B–S- und B–Se-Systeme. Sowohl die diamantartige (kubische) als auch die hexagonale Modifikation von Bornitrid, $(BN)_x$, besitzt eine Gitterstruktur. Aus den vorangegangenen Ausführungen kann man leicht folgern, daß Kombinationen von Bor- und Stickstoffatomen adamantanähnliche Gerüste bilden sollten; diese kommen jedoch nicht molekular vor. Das Anion $[B_4S_{10}]^{8-}$ (Abb. 3.12) besitzt Adamantanstruktur. Die Struktur seines Blei(II)-Salzes wurde aufgeklärt: Jedes Boratom ist vierfach koordiniert.

$[MeNBCl_2]_4$ bildet cubanartige Cluster mit zwei offenen Kanten (Abb. 3.13). Eine verwandte Struktur ist $[^tBuPB(Cl)CH_2B(Cl)P^tBu]_2$; die offenen B---B-Kanten des cubanähnlichen B_4P_4-Grundgerüstes (siehe Abb. 3.13. und 5.10) werden durch Methyleneinheiten überbrückt.

In Abb. 3.19 ist die *Adamantan*-Struktur dargestellt.

Der Begriff *Cuban* bezeichnet Clustermoleküle mit einem würfel- (cubus-) förmigen Grundgerüst; der Prototyp ist das C_8H_8.

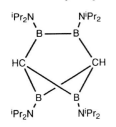

Abb. 3.11 Klassische bicyclische Struktur des $C_2H_2B_4(N^iPr_2)_4$. Vergleichen Sie mit $C_2B_4H_6$ in Abb. 3.5.

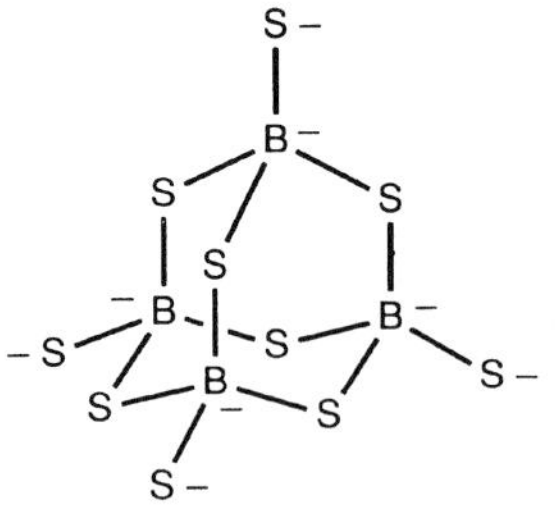

Abb. 3.12 $[B_4S_{10}]^{8-}$

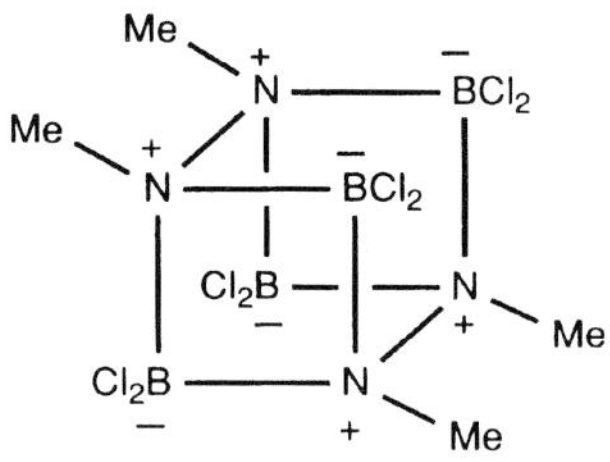

Abb. 3.13 $[MeNBCl_2]_4$

3.2 Aluminium

Im Periodensystem der Elemente steht Aluminium unmittelbar unterhalb von Bor; trotzdem gibt es nicht viele den Boranen analoge Aluminium-Cluster. Eines der seltenen Beispiele für einen Cluster, dessen sämtliche Gerüstatome Aluminium sind, ist das Dianion $[Al_{12}{}^iBu_{12}]^{2-}$. Man sieht hier eindrucksvoll, daß Aluminium ähnlich wie Bor deltaedrische Cluster bilden *kann*: Die Grundstruktur von $[Al_{12}{}^iBu_{12}]^{2-}$ ist, genau wie diejenige von $[B_{12}H_{12}]^{2-}$, ein Ikosaeder.

Die AlR_3-Gruppe (R = H, Alkyl- oder Arylrest) wirkt als Lewis-Säure, die mit Lewis-Basen Addukte bilden kann. Diese ganz allgemeine Feststellung läßt

$[RAlNR']_4$	$[RAlNR']_6$	$[RAlNR']_7$	$[RAlNR']_8$
R = H R' = ^{i}Pr	R = H R' = ^{i}Pr	R = Me R' = Me	R = H R' = Et
R = H R' = ^{t}Bu	R = H R' = ^{n}Pr	R = Et R' = Et	R = H R' = ^{n}Pr
R = Me R' = ^{i}Pr	R = Me R' = ^{i}Pr		
R = Et R' = ^{i}Pr	R = Et R' = ^{i}Pr		
R = Ph R' = Ph			

● = Al–R unbezeichnete Ecke = N–R'

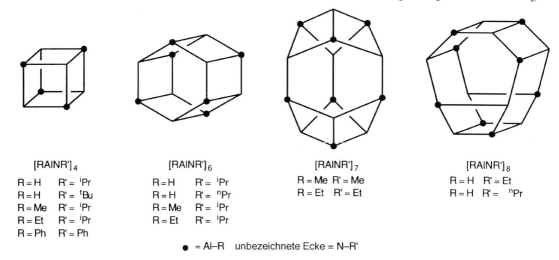

Abb. 3.14 Strukturen einiger Iminoalan-Cluster $[RAlNR']_n$.

sich auch auf die Bildung von Clustern aus {RAl}- und {NR´}-Fragmenten anwenden. In Abhängigkeit von den Synthesebedingungen und dem sterischen Anspruch der *exo*-Substituenten werden unterschiedliche Oligomerisationsstufen erreicht. Abb. 3.14 zeigt Beispiele für tetramere, hexamere, heptamere und octamere Iminoalan-Cluster; jedes Aluminium- bzw. Stickstoffatom ist vierfach koordiniert, wobei drei Skelettbindungen und eine *exo*-Bindung ausgebildet werden. Das Tetramer bildet eine kubische (Cuban-) Struktur, das Hexamer ein hexagonales Prisma. Heptamer und Octamer sind keine regulären Polyeder; die Grundgerüste von $[RAlNR']_n$ (n = 7, 8) sind (wie im Fall der kleineren Cluster) aus verknüpften Al_2N_2- und Al_3N_3-Ringen aufgebaut. Die erste aufgeklärte Struktur eines Aluminaphosphacubans $[RAlPR']_4$ (R = ^{i}Bu, R´ = $SiPh_3$) ähnelt der des Iminoalan-Cubans in Abb. 3.14.

Durch Einbau von {ER_2}-Fragmenten (E = Al oder N) werden Abweichungen vom geschlossenen Gerüst hervorgerufen. Die beiden terminalen Substituenten beschränken die Beteiligung der ER_2-Einheit am Aufbau des Grundgerüstes. In Abb. 3.15 sehen Sie die Strukturen von $(HAlN^iPr)_2(HAlNH^iPr)_3$, $(ClAl)_4(NMe)_2(NMe_2)_4$ und $(MeAlNMe)_6(Me_2AlNHMe)_2$.

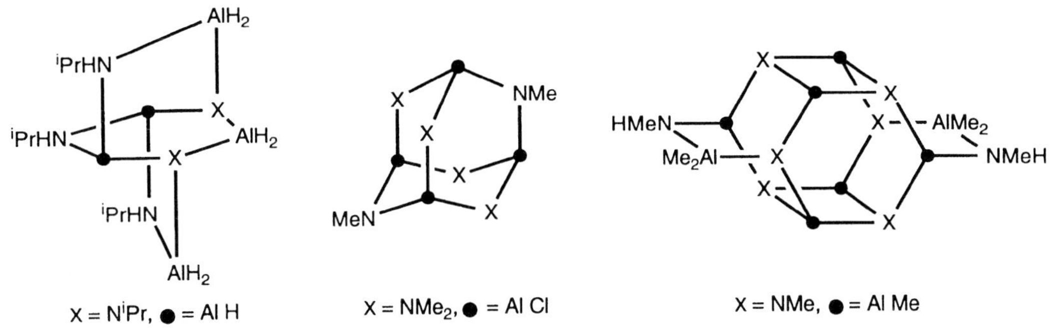

Abb. 3.15 Strukturen von $(HAlN^iPr)_2(H_2AlNH^iPr)_3$, $(ClAl)_4(NMe)_2(NMe_2)_4$ (Adamantan-Typ; siehe Abschnitt 3.5) und $(MeAlNMe)_6(Me_2AlNHMe)_2$. Die ER_2-Gruppen sind stets über offenen Kanten des Grundgerüsts angeordnet; eine Ausnahme bilden zwei NMe-Gruppen in $(ClAl)_4(NMe)_2(NMe_2)_4$.

3.3 Gallium und Indium

Es existiert nur eine begrenzte Anzahl von Clustern der p-Block-Elemente, die Gallium- oder Indiumatome enthalten. $(MeGaNMe)_6(Me_2GaNHMe)_2$ weist dieselbe Struktur wie sein Aluminium-Analogon (Abb. 3.15) auf; Analoga der Iminoalane (Abb. 3.14) sind (zumindest bisher) nicht bekannt.

Die Anionen $[Ga_4S_{10}]^{8-}$, $[Ga_4Se_{10}]^{8-}$, $[In_4S_{10}]^{8-}$ und $[In_4Se_{10}]^{8-}$ sind isostrukturell mit $[B_4S_{10}]^{8-}$ (Abb. 3.12). In $[E_{10}S_{16}(SPh)_4]^{6-}$ mit E = Ga oder In (Abb. 3.16) findet man ebenfalls einen solchen Baustein. Die Bildung derartiger erweiterter Adamantan-Strukturen durch Thiolat-Sulfide der Elemente der Gruppe 13 erinnert an das Verhalten der d^{10}-Metalle Zink und Cadmium: hier gibt es beispielsweise $[Zn_{10}S_4(SPh)_{16}]^{4-}$ und $[Cd_{17}S_4(SPh)_{28}]^{2-}$. Diese Ähnlichkeit kann man mit der relativen Lage von Zn, Cd, Ga und In im Periodensystem begründen – Zink(II) ist isoelektronisch mit Gallium(III), Cadmium(II) ist isoelektronisch mit Indium(III).

3.4 Thallium

Ein allgemeines Merkmal von Thalliumatomen innerhalb eines Clusters ist das Fehlen terminaler Substituenten. Der Grund dafür ist im *Inertpaar-Effekt* zu suchen. Nackte Thalliumatome werden in deltaedrische Zintl-Ionen wie $[TlSn_8]^{3-}$ und $[TlSn_9]^{3-}$ (siehe Abschnitt 3.7) eingebaut.

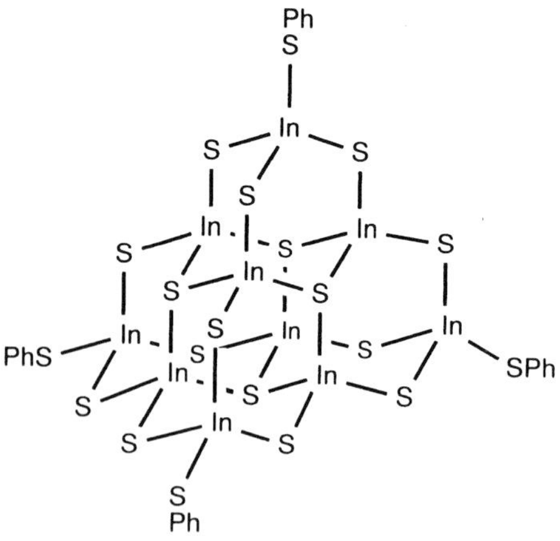

26 *Strukturprinzipien*

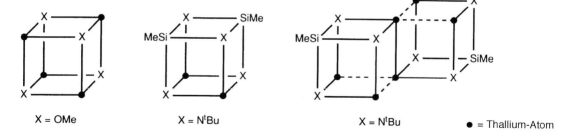

Abb. 3.16 $[In_{10}S_{16}(SPh)_4]^{6-}$

Der Inertpaar-Effekt

Die beiden s-Elektronen eines schweren p-Block-Elements gehören oft nicht zum Valenzbereich. Dadurch ändert sich die charakteristische Oxidationsstufe des betreffenden Elements von n auf $(n-2)$.
Beispiel: Tl (Gruppe 13) neigt zur Oxidationsstufe +1, während Aluminium (ein leichteres Homologes in dieser Gruppe) die Oxidationsstufe +3 annimmt.

X = OMe   X = N^{t}Bu   X = N^{t}Bu   ● = Thallium-Atom

Abb. 3.17 Strukturen von $Tl_4(OMe)_4$, $Tl_2(MeSi)_2(N^tBu)_4$ und $Tl_6(MeSi)_2(N^tBu)_6$.

In einer Reihe thalliumhaltiger Cluster wirkt Thallium als Lewis-Säure. Einen Würfel als Strukturmotiv findet man in $Tl_4(OMe)_4$, $Tl_2(MeSi)_2(N^tBu)_4$ und $Tl_6(MeSi)_2(N^tBu)_6$ (Abb. 3.17). In $Tl_4(OMe)_4$ und $Tl_6(MeSi)_2(N^tBu)_4$ ist jedes Thalliumatom dreifach koordiniert. Die doppelte Cuban-Struktur in $Tl_6(MeSi)_2(N^tBu)_4$ wird durch eine kurze Tl–Tl-Kante (Länge: 3.16 Å) zusammengehalten; man nimmt an, daß hier eine bindende Wechselwirkung vorliegt. Innerhalb der einzelnen Würfel betragen die Tl—Tl-Abstände im Mittel 3.54 Å. Reste der Cubanstruktur sind in $Tl_8(S^tBu)_8$ (Abb. 3.18) erhalten.

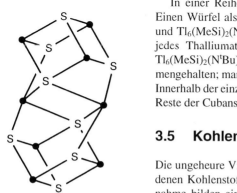

● = Tl; S = S^{t}Bu
Abb. 3.18 $Tl_8(S^tBu)_8$.

3.5 Kohlenstoff

Die ungeheure Vielfalt organischer Moleküle, deren Grundgerüst aus verbundenen Kohlenstoffringen besteht, soll hier nicht diskutiert werden; eine Ausnahme bilden einige relativ kleine Verbindungen, deren Strukturen mit den Clustern der anderen p-Block-Elemente verwandt sind.

Das Adamantanmolekül, $C_{10}H_{16}$ (Abb. 3.19), ist tricyclisch; seine Struktur erinnert an einen Ausschnitt aus einem Diamantgitter (Abb. 2.4). Es gibt zwei verschiedene Sorten von Kohlenstoffatomen, nämlich dreifach zum Gitter koordinierte Atome mit einem terminalen Substituenten und zweifach zum Gerüst koordinierte Atome mit zwei terminalen Substituenten. Dabei weist jedes C-Atom eine tetraedrische Umgebung auf. Strukturen vom Adamantan-Typ findet man für p-Block-Elementcluster häufig; durch den Unterschied zwischen beiden Gitterpositionen können nicht nur {ER}- und {ER$_2$}-Einheiten, sondern auch Atome mit unterschiedlichen Anzahlen verfügbarer Valenzelektronen eingebaut werden (Abb. 3.19). Kompliziertere Strukturen, bei denen sich das Adamantan-Gerüst noch identifizieren läßt, sind Diadamantan (Congressan), Triadamantan und Tetraadamantan (Abb. 3.20). Alle diese Verbindungen werden zu den *diamantartigen* Kohlenwasserstoffen gezählt.

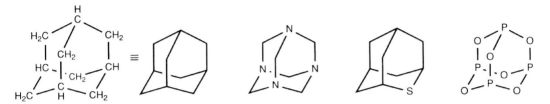

Abb. 3.19 Struktur von Adamantan, C$_{10}$H$_{16}$, und drei Verbindungen mit Adamantan-Gerüststruktur: Hexamethylentetramin (1,3,5,7-tetrazatricyclo[3.3.1.1^{3,7}]-decan), Thiaadamantan und Phosphor(III)-Oxid, P$_4$O$_6$. Beachten Sie, daß Atome aus Gruppe 15 mit {CH} isoelektronisch sind und daher an dessen Stelle treten können, das gleiche gilt sinngemäß für Atome aus Gruppe 16 und {CH$_2$}-Fragmente.

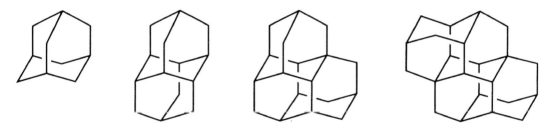

Abb. 3.20 Strukturen der diamantartigen Kohlenwasserstoffe Adamantan, Diadamantan, Triadamantan (*anti*-Isomer).

Im diamantartigen Gerüst ist jedes Atom vierfach, und zwar tetraedrisch, koordiniert. Dabei tritt in Cuban, C$_8$H$_8$ (Abb. 3.21), und seinen Derivaten eine beträchtliche Winkelspannung auf, da die C–C–C-Winkel innerhalb des Würfels bei 90° fixiert sind. Dies wird durch das Kohlenstoffatom nicht nur toleriert, sondern es können sogar noch stärkere Winkelspannungen auftreten – Beispiele sind kleine Ringsysteme wie Cyclopropan und der Tetrahedran-Cluster, wo der C–C–C-Winkel nur jeweils 60° beträgt. Der tetraedrische Cluster ist nur mit Substituenten großer räumlicher Ausdehnung stabil – die kristallographische Strukturaufklärung erfolgte anhand von C$_4$^{t}Bu$_4$. Man findet hier C–C-Bindungslängen von 1.48 Å, gut vergleichbar mit typischen C–C-Einfachbindungen (1.54 Å). Beachten Sie, daß C$_4$^{t}Bu$_4$ und B$_4$^{t}Bu$_4$ nicht isoelektronisch sind, aber trotzdem dieselbe Struktur aufweisen. Das B$_4$-Gerüst ist wesentlich größer als die C$_4$-Struktur (B–B-Abstände: im Mittel 1.71 Å).

Abb. 3.21 Cuban.

Abb. 3.22 Gerüststrukturen von C$_6$H$_6$-Isomeren.

Isomere des C_6H_6 sind Hexadiine, Hexatetraen, Tris(methylen)-Cyclopropan, Bis(methylen)-Cyclobuten, Fulven und Dewar-Benzol:

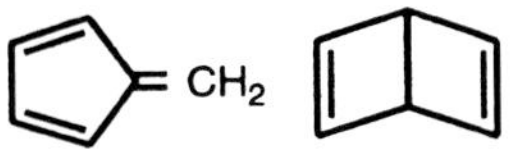

Fulven   Dewar-Benzol

Lediglich Prisman und Benzvalen kann man als Kohlenstoffatom-Cluster auffassen.

Das Benzolmolekül ist jedem Chemiker vertraut; vielleicht weniger bekannt sind die Isomere Benzvalen und Prisman (Abb. 3.22). Ein Anorganiker sieht in derartigen Verbindungen sofort die Clusterstruktur – für den Organiker sind dies (wie alle anderen kohlenstoffhaltigen Moleküle in diesem Abschnitt) lediglich verknüpfte Kohlenstoff-Ringe – eine Sichtweise, die sich auch im systematischen Namen von Benzvalen widerspiegelt (Tricyclo-[3.1.0.0$^{2.6}$]-hex-3-en). Die Strukturaufklärung des Prismans C_6Me_6 in der Gasphase und von Derivaten wie 1-MeCO$_2$-2,3,5,6-Me$_4$-4-Ph-C$_6$ als Festkörper bestätigte die trigonal-prismatische C$_6$-Cluster-Grundstruktur.

3.6 Silicium

Cyclische Silane $(SiR_2)_n$ sind meist mono- oder bicyclische Moleküle. Die Struktur von $Si_{10}Me_{16}$ ist adamantanähnlich; verwandte Strukturen findet man für $Si_{11}Me_{18}$ und $Si_{13}Me_{22}$ (Abb. 3.23). $P_4(SiMe_2)_6$ leitet sich von $Si_{10}Me_{16}$ durch Austausch der {SiMe}-Einheiten gegen Phosphoratome ab. Werden anstelle der {SiMe$_2$}-Einheiten {PMe}-Fragmente eingebaut, entsteht $(SiMe)_4(PMe)_6$. Die Kanten des Grundgerüstes können durch Sauerstoffatome besetzt werden; ein Beispiel ist $(Si^tBu)_4O_6$. Auch ein Silicium-Analogon eines substituierten Cubans, $Si_8(Si^tBuMe_2)_8$, wurde bereits beschrieben (Abb. 3.24).

● = SiMe$_2$
unbezeichnete Ecke = SiMe

Abb. 3.23 Strukturen von $Si_{11}Me_{18}$, $Si_{13}Me_{22}$ und $P_4(SiMe_2)_6$.

Einfachbindungen zwischen Silicium und Sauerstoff sind recht stark; man sieht leicht, wie bevorzugt sie sind, wenn man sich die Häufigkeit von Silicatmineralien und die Stabilität von Siliconpolymeren vor Augen führt. Eine Reihe diskreter Cluster mit Si_8O_{12}-Kern (Abb. 3.24) ist bekannt. Derartige Siloxane sind besonders als Bausteine für synthetische, silicatbasierte Stoffe von Interesse, die aus verknüpften Si_8O_8-Clustern bestehen. Analoge Silazane sollten durch Austausch von O-Atomen gegen die isoelektronischen {NR}-Fragmente zugänglich sein. Wie schon im Fall der Siloxane gibt es jedoch weitaus mehr einfache Ring- als Cluster-Silazane – eine der seltenen Ausnahmen ist $(Si^nC_8H_{17})_8(NH)_{12}$, dessen Struktur mit der des Oxides in Abb. 3.24 verwandt ist.

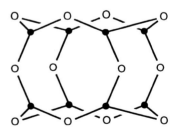

● = $Si(Si^tBuMe_2)$ ● = SiH, [SiO]$^-$, Si(OMe) oder SiCl

Abb. 3.24 Cluster mit Si_8-Grundgerüst.

Die relative Stabilität der Silicium-Analoga verschiedener Benzol-Isomere ist Gegenstand zahlreicher theoretischer Untersuchungen. Eine ebene, benzolähnliche Struktur des Si_6H_6 ist wohl nicht bevorzugt, denn Si = Si-Doppelbindungen sind energetisch ungünstig. Möglicherweise wird eine prismanartige Struktur aufgebaut. Diese Betrachtungen haben allerdings rein theoretischen Wert, denn bisher ist es nicht gelungen, Si_6H_6 zu isolieren. Die Theoretiker schlagen weiterhin vor, Cluster vom Tetrahedran-Typ mit geeigneten Substituenten R zu synthetisieren; tetraedrisches Si_4R_4 könnte stabil sein, Si_4H_4 ist es mit hoher Wahrscheinlichkeit nicht. Interessanterweise findet man tetraedrische $[Si_4]^{4-}$-Anionen (isoelektronisch mit P_4) in Alkalimetall-Siliciden. Im Gitter des Festkörpers $Cs_4[Si_4]$ vermutet man isolierte $[Si_4]^{4-}$-Anionen, allerdings nur in begrenzter Anzahl – die Wechselwirkungen zwischen Kationen und Anionen sind erheblich. In $K_3Li[Si_4]$ werden die $[Si_4]^{4-}$-Tetraeder durch Lithium-Ionen verknüpft, so daß eine unendlich ausgedehnte Kette entsteht. Paare von $[Si_4]^{4-}$-Tetraedern lagern sich in $K_7Li[Si_4]_2$ an jeweils ein Lithium-Ion an (Abb. 3.25), im Festkörper gibt es weitere Wechselwirkungen mit den K^+-Ionen.

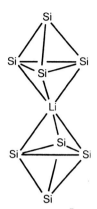

Abb. 3.25 $[(Si_4)_2Li]^{7-}$-Einheit in $K_7Li[Si_4]_2$.

3.7 Germanium, Zinn und Blei

Für E = Ge, Sn und Pb existieren tetraedrische Cluster $[E_4]^{4-}$, so zum Beispiel in Natriumgermid. Mit diesen Verbindungen isostrukturell sind Hetero-Dianionen wie $[Bi_2Sn_2]^{2-}$ und $[Sb_2Pb_2]^{2-}$; hier wurden jeweils zwei Atome eines Elements aus Gruppe 14 durch Atome eines Elements aus Gruppe 15 ersetzt, die Gesamtladung der (somit isoelektronischen) Spezies erniedrigt sich um 2. In Abb. 3.26 sehen Sie einige Homo-Anionen von Elementen aus Gruppe 14, die nach Eduard Zintl als *Zintl-Ionen* (*Zintl-Cluster*) bezeichnet werden. Ein Cluster-Ion $[E_n]^{x-}$ wird umso größer, je weiter unten in der Gruppe das betreffende Element steht (das heißt, je größer sein Atomradius ist). Der äquatoriale Sn–Sn-Abstand in $[Sn_5]^{2-}$ beträgt 3.10 Å, der entsprechende Pb–Pb-Abstand in $[Pb_5]^{2-}$ dagegen schon 3.24 Å. Eine ganze Serie von Anionen der allgemeinen Zusammensetzung $[E_{9-n}E'_n]^{4-}$ (E = Sn, E´=Ge oder Pb, n = 0 bis 9) ist bekannt. $[TlSn_8]^{3-}$ leitet sich formal vom (nicht bekannten) $[Sn_9]^{2-}$-Cluster ab, indem ein Zinnatom durch ein isoelektronisches Thallium(1–)-Zentrum ersetzt wird. Die Struktur von $[TlSn_8]^{3-}$ ähnelt der von $[Ge_9]^{2-}$. $[TlSn_9]^{3-}$ bildet zweifach überdachte quadratisch-antiprismatische Moleküle; ein isoelektronisches Analogon aus Gruppe 14, $[E_{10}]^{2-}$, ist nicht bekannt. In beiden Clustergerüsten gibt es zwei verschiedene Positionen (eine vierfach und eine fünffach koordinierte), die durch das Thalliumatom eingenommen werden können; nur eine davon, die vierfach koordinierte Spitzenposition, wird in Zintl-Ionen tatsächlich von Tl besetzt (Abb. 3.27).

Eine *Zintl-Phase* wird aus zwei Metallen, einem sehr elektropositiven (z.B. aus Gruppe 1 wie Na) und einem weniger elektropositiven (z.B. schweres p-Block-Element wie Tl), gebildet. Aus diesen *Zintl-Phasen* lassen sich diskrete *Zintl-Ionen* isolieren (siehe Abschnitt 5.10).

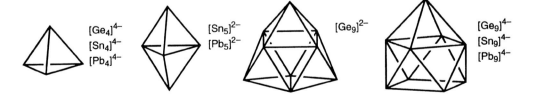

Abb. 3.26 Strukturen von anionischen Clustern der Elemente aus Gruppe 14: $[E_4]^{2-}$ (Tetraeder), $[E_5]^{2-}$ (trigonale Bipyramide), $[E_9]^{2-}$ (dreifach überdachtes trigonales Prisma), $[E_9]^{4-}$ (einfach überdachtes quadratisches Antiprisma).

30 *Strukturprinzipien*

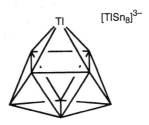

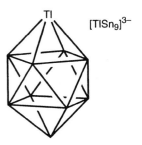

Abb. 3.27 Strukturen von [TlSn$_8$]$^{3-}$ und [TlSn$_9$]$^{3-}$.

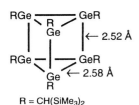

R = CH(SiMe$_3$)$_2$

● = GeBr^{t}Bu;
unbezeichnete Ecke = Ge^{t}Bu

Abb. 3.28 Strukturen von Ge$_6${CH(SiMe$_3$)$_2$}$_6$ und Ge$_8^t$Bu$_8$Br$_2$.

Polycyclische Germane sind erst seit 1989 bekannt. Die Verbindung Ge$_6${CH(SiMe$_3$)$_2$}$_6$ (Abb. 3.28) ist verwandt mit Prisman. Dabei entscheidet die Wahl des *exo*-Substituenten über die Stabilität des betreffenden Polyeders. Octagermanacuban gibt es bisher nicht, das tetracyclische Molekül Ge$_8^t$Bu$_8$Br$_2$ wurde dagegen bereits hergestellt. Es besteht aus einem Netzwerk verknüpfter Vier- und Fünfringe (Abb. 3.28).

Germaniumatome findet man, wie auch die leichteren Elemente aus Gruppe 14, in einer Vielzahl von Verbindungen des Adamantan-Typs. So ist [Ge$_4$X$_{10}$]$^{4-}$ (X = S oder Se) genauso aufgebaut wie isoelektronische Anionen [E$_4$S$_{10}$]$^{8-}$ mit E = B, Ga oder In. In Abb. 3.29 sind germaniumhaltige Cluster dargestellt, denen man die Strukturverwandtschaft zum Adamantan ohne weiteres ansieht. Wie Sie in Abb. 3.19 bereits gesehen haben, läßt sich die Bevorzugung einer bestimmten Position im Cluster durch ein bestimmtes Atom oder eine Gruppe aus der Zahl der Valenzelektronen erklären. Auch in der Chemie des Zinns findet man Adamantanstrukturen: P$_4$(SnEt$_2$)$_6$ und (SnMe)$_4$E$_6$ (E = S oder Se) sind verwandt mit P$_4$(SiMe$_2$)$_6$ (Abb. 3.23) beziehungsweise (GeCF$_3$)$_4$S$_6$.

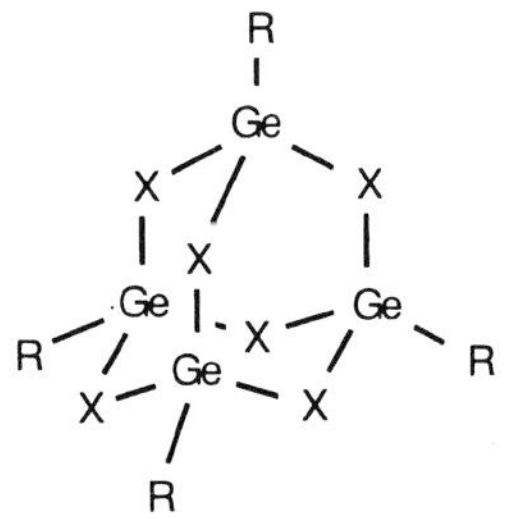

Abb. 3.29 Germaniumhaltige Verbindungen mit Grundgerüsten vom Adamantan-Typ.

R	X
CF$_3$	S oder Se
Br, I, C$_6$F$_5$	S
Ph	Se, PPh

Einige germanium-, zinn- und bleihaltige Cluster weisen eine Cubanstruktur auf (Abb. 3.30); dabei kann das polycyclische Gerüst durch (Lewis-)Säure-Base-Wechselwirkungen stabilisiert werden. Beispiele für derartige Verbindungen sind [EN^{t}Bu]$_4$ (E = Ge, Sn, Pb), Ge$_3$Sn(N^{t}Bu)$_4$, Sn$_2$Pb$_2$(N^{t}Bu)$_4$, Sn$_4$O(N^{t}Bu)$_3$ und Sn$_4$S(N^{t}Bu)$_3$.

Iminostannylen-Cluster [SnNR]$_4$ mit verschiedensten Substituenten R wurden bereits synthetisiert; wenn R jedoch sterisch wenig anspruchsvoll ist, schreitet die Oligomerisierung fort, schließlich entstehen polymere Produkte [SnNR]$_\infty$. Kubische und hexagonal-prismatische Gerüste findet man im Fall der Zinn-Alkoxide (Abb. 3.31). Hier besteht jeder Cluster aus einem {Sn$_4$O$_4$}- oder {Sn$_6$O$_6$}-Kern, der durch zweizähnige *O,O'*-Donorliganden stabilisiert wird. Jeder zweizähnige Ligand überbrückt eine Seite eines Sn$_2$O$_2$-Quadrats. Im Cuban sind zwei solcher Seiten offen und vier verbrückt; im hexagonalen Prisma werden alle sechs quadratischen Seitenflächen überbrückt. Die *O,O'*-Liganden bilden ein Zickzackmuster um die Außenseite des Sn$_n$O$_n$-Kerns herum. Systeme diesen Typs lassen sich gut mittels ^{119}Sn-NMR-Spektroskopie untersuchen. Verwandt mit [^{n}BuSn(O)(μ-O$_2$P(C$_6$H$_{11}$)$_2$]$_4$ ist der Doppelcuban-Cluster

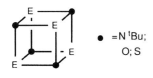

● = N ^{t}Bu;
O; S

Abb. 3.30 Cubane, die Atome aus Gruppe 14 enthalten; E = Ge, Sn oder Pb.

[{ⁿBuSn(S)(μ-O₂PPh₂)}₃O]₂Sn. Dabei bestehen die verknüpften Würfel jeweils aus Sn–O- und Sn–S-Bindungen (Abb. 3.31).

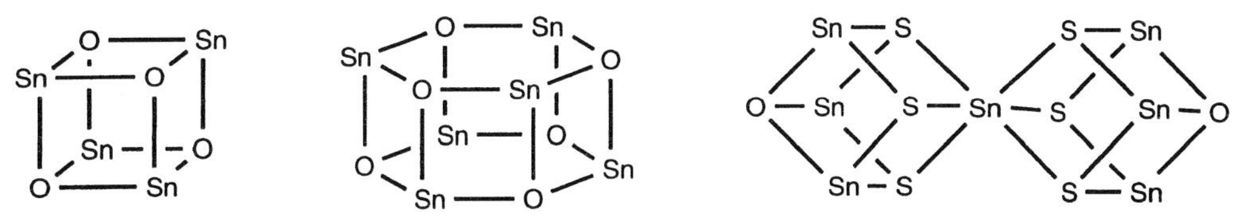

Abb. 3.31 Clusterstrukturen der Alkoxide [ⁿBuSn(O)(μ-O₂P(C₆H₁₁)₂]₄, [PhSn(O)(μ-O₂CC₆H₁₁)]₆ und des davon abgeleiteten Doppel-Clusters [{ⁿBuSn(S)(μ-O₂PPh₂)}₃O]₂Sn (Brückenliganden wurden weggelassen).

3.8 Phosphor

Hinsichtlich der Valenzelektronen ist ein Atom aus Gruppe 15 isoelektronisch mit einem {CR}-Fragment. So ist beispielsweise P₄ verwandt mit dem Tetrahedran C₄ᵗBu₄. Es sind einige phosphorhaltige Cluster bekannt, bei denen man leicht erkennen kann, von welchem polycyclischen Kohlenwasserstoff sie sich ableiten (Abb. 3.32).

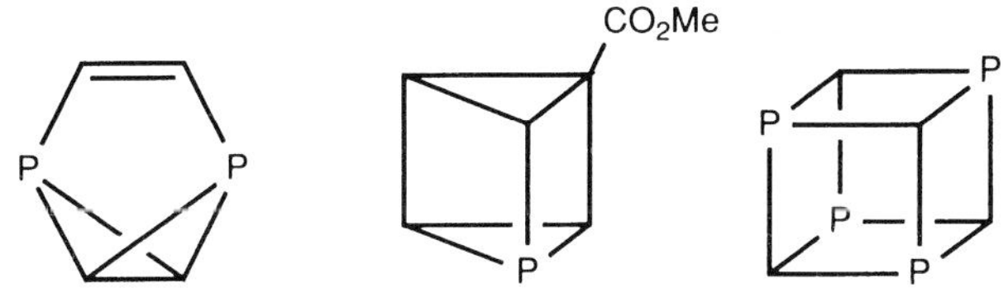

Abb. 3.32 Phosphor-Kohlenstoff-Cluster, die sich von Benzvalen, Prisman und Cuban durch Austausch von {CR}-Fragmenten gegen P-Atome ableiten.

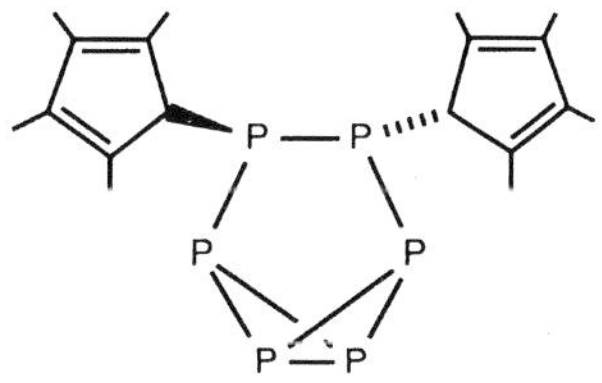

Abb. 3.33 P₆(C₅Me₅)₂.

Beachten Sie: Das Phosphoratom wirkt bei der Bildung des Tetraphosphacubans [ᵗBuCP]₄ (Abb. 3.32) – im Gegensatz zu einigen anderen phosphorhaltigen Cubanen (siehe auch den folgenden Abschnitt) – *nicht* als Lewis-Base; daher befindet sich an jedem P-Atom ein nichtbindendes Elektronenpaar in *exo*-Position. Zwischen C und P werden in [ᵗBuCP]₄ Einfachbindungen gebildet, die Bindungslängen sind entsprechend (C–P: 1.88 Å).

Die Struktur des Polyphosphans P₆(C₅Me₅)₂ (Abb. 3.33) ist tricyclisch und der des Benzvalens (eigentlich der des gesättigten 3,4-Dihydro-benzvalens) analog. An jedem Phosphoratom befindet sich ein stereochemisch aktives nichtbindendes Elektronenpaar – dies bewirkt, daß die C₅Me₅-Substituenten bevorzugt in *trans*-Konfiguration angeordnet werden.

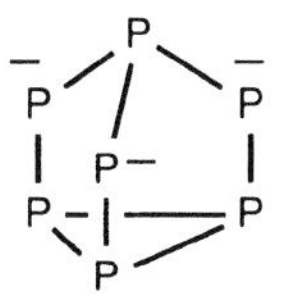

Abb. 3.34 [P₇]³⁻.

32 *Strukturprinzipien*

In Kapitel 2 haben wir uns mit der Chemie des weißen Phosphors, P_4, beschäftigt. In den Abb. 2.14 und 2.15 finden Sie die Clusterstrukturen der Homo-Anionen $[P_{16}]^{2-}$, $[P_{21}]^{2-}$ und $[P_{26}]^{4-}$. Ein charakteristisches Strukturmotiv dieser Anionen ist das des einfachsten Vertreters dieser Reihe, $[P_7]^{3-}$ (Abb. 3.34). Das andere Motiv leitet sich vom monoklinen Phosphor (Abb. 2.15) ab. Polycyclische Phosphorhydride und ihre Derivate bilden auf molekularer Ebene Strukturen, deren Ähnlichkeit mit Fragmenten des monoklinen Phosphors nicht zu übersehen ist. Vergleichen Sie dazu die Beispiele in Abb. 3.35 mit Abb. 2.15c.

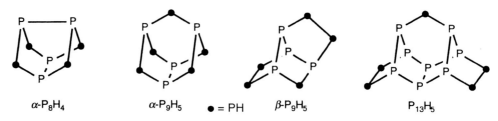

Abb. 3.35 Ausgewählte Phosphorhydride mit Clusterstruktur.

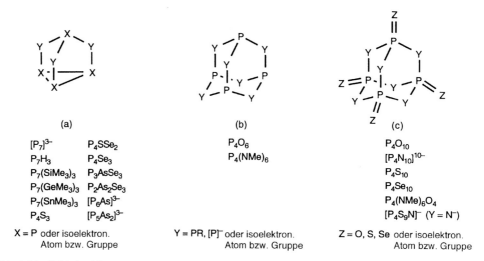

Abb. 3.36 Wichtige Klassen von Phosphorverbindungen mit vom Adamantan abgeleiteten Gerüststrukturen.

Wenn wir von *formaler Ableitung (Strukturverwandtschaft)* einer Verbindungsklasse von einer anderen sprechen, ist damit *nicht notwendig* gemeint, daß man beide Verbindungsklassen auch auf ähnliche Weise synthetisieren kann.

Vom $[P_7]^{3-}$-Ion läßt sich formal eine ganze Reihe phosphorhaltiger Cluster ableiten. Diese treten in drei verschiedenen Gerüsttypen (oder Ableitungen davon) auf (Abb. 3.36), deren Ähnlichkeit zum Adamantan unverkennbar ist. Interessant ist, daß nicht alle möglicherweise synthetisierbaren Verbindungen auch wirklich bekannt sind. Die Gruppe (b) aus Abb. 3.36 ist beispielsweise kaum vertreten. Zweifellos werden im Laufe der Zeit weitere Beispiele für diese Strukturen gefunden – so wurde 1991 die Struktur von $[P_4N_{10}]^{10-}$ aus Gruppe (c) aufgeklärt.

Viele Verbindungen lassen sich nicht einer der Klassen in Abb. 3.36 zuordnen – ihre Strukturen liegen irgendwo dazwischen. Als Beispiele seien genannt P_4S_4, P_4S_5, P_4S_7, P_4S_9 und $P_4O_3S_6$ (Abb. 3.37); es gibt noch ein drittes Isomer von P_4S_4 mit einem *exo*cyclischen Schwefelatom. 1991 gelang es, P_4S_6 zu isolieren und seine Struktur zu klären: es ist nicht isostrukturell mit P_4O_6, sondern leitet sich von β-P$_4$S$_5$ ab. Auch Phosphorselenide existieren, so P$_4$Se$_5$ (Struktur identisch mit der von α-P$_4$S$_5$) und P$_4$Se$_4$ (mit einem *exo*cyclischen Selenatom). Beim Phosphor ist, wie wir wissen, das „Phosphorpentoxid" eigentlich P$_4$O$_{10}$ (Abschnitt 2.3) – dies gilt nicht für die Selenide, hier existieren P$_2$Se$_5$ und P$_4$Se$_{10}$ jeweils als eigenständige Spezies.

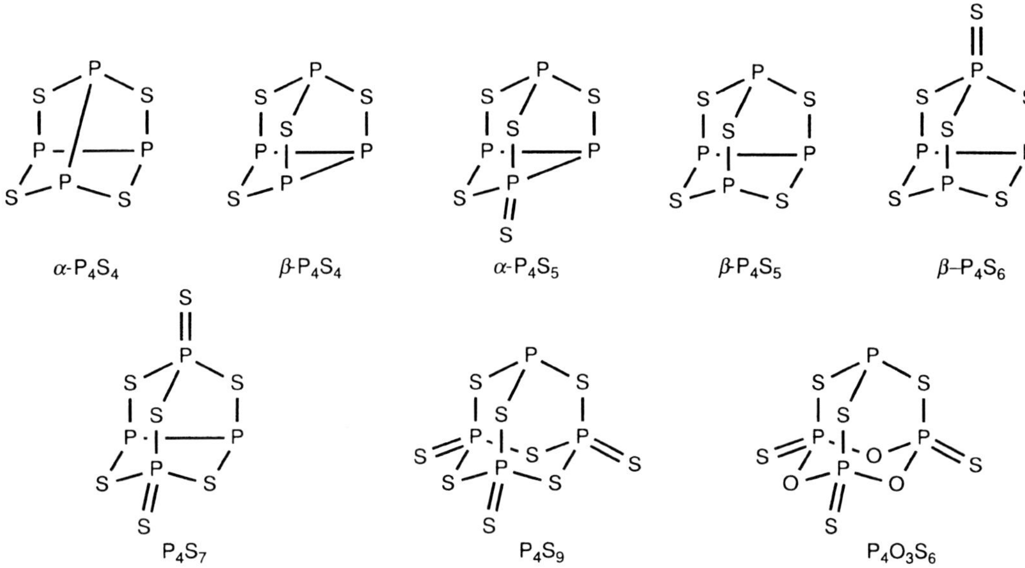

Abb. 3.37 Cluster mit adamantanähnlichem Aufbau α- und β-P$_4$S$_4$, α- und β-P$_4$S$_5$, P$_4$S$_6$, P$_4$S$_7$, P$_4$S$_9$ und P$_4$O$_3$S$_6$.

Wie bereits erwähnt, kann Phosphor in seiner Eigenschaft als Lewis-Base Cluster stabilisieren, so das Cuban [RAlPR´]$_4$ (Abschnitt 3.2) und das cubanähnliche Molekül [^{t}BuPB(Cl)CH$_2$B(Cl)P^{t}Bu]$_2$ (Abschnitt 3.1). Auch für [MeNPF$_3$]$_4$ (Abb. 3.38) findet man ein würfelförmiges Gerüst, jedoch liegen hier – im Gegensatz zu den beiden letztgenannten Beispielen – die Phosphoratome sechsfach koordiniert vor.

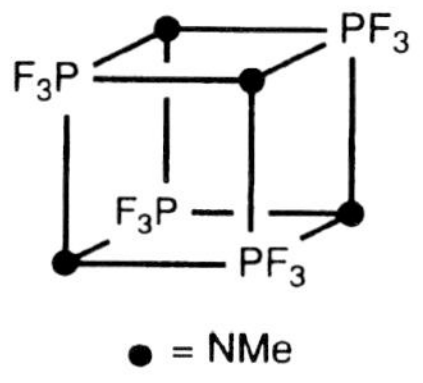

Abb. 3.38 [MeNPF$_3$]$_4$.

3.9 Arsen und Antimon

Cluster, die Arsen oder Antimon enthalten, weisen häufig Strukturen des Adamantan-Typs auf. Das Gerüst von MeC(CH$_2$)$_3$E$_3$ (E = As, Sb; Abb. 3.39) ähnelt offensichtlich denen der Gruppe (a) in Abb. 3.36, dasselbe gilt für [As$_7$]$^{3-}$ und [Sb$_7$]$^{3-}$, die beide isostrukturell mit [P$_7$]$^{3-}$ sind. As$_7$(SiMe$_3$)$_3$, das drei terminale SiMe$_3$-Gruppen enthält, ist verwandt mit P$_7$(SiMe$_3$)$_3$. Weiterhin gibt es Strukturanaloga, in denen Elemente aus Gruppe 15 die dreifach koordinierten und Elemente aus Gruppe 16 die zweifach koordinierten Positionen einnehmen; Beispiele sind As$_4$S$_3$, As$_4$Se$_3$, As$_3$PSe$_3$, As$_2$P$_2$S$_3$ sowie As$_2$P$_2$Se$_3$.

Wird das Grundgerüst von MeC(CH$_2$)$_3$As$_3$ durch Bruch der As–As-Bindungen aufgeweitet, erhält man MeC(CH$_2$)$_3$As$_3$X$_3$ (X = O, S, Se) oder auch MeC(CH$_2$)$_3$As$_3$(NR)$_3$ (R = Me, ^{i}Pr, Bu, Ph; Abb. 3.39). Die Struktur von MeC(CH$_2$)$_3$As$_3$O$_3$ erinnert an diejenige von As$_4$(NMe)$_6$ oder die kubische Modifikation von Arsen(III)-Oxid, As$_4$O$_6$ (isostrukturell mit P$_4$O$_6$). In As$_4$O$_6$ beträgt die Bindungslänge As–O 1.79 Å. Die kubische Form von Antimon(III)-Oxid weist ebenfalls eine Adamantanstruktur auf (Abb. 3.39); die Bindung

34 *Strukturprinzipien*

Sb–O ist 1.98 Å lang. Die Struktur von Arsen(V)-Oxid ist dieselbe wie die von P_4O_{10} (Abb. 3.36c).

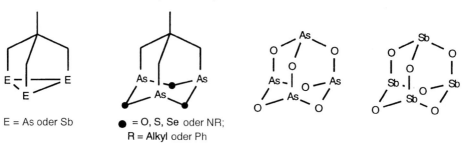

E = As oder Sb

● = O, S, Se oder NR;
R = Alkyl oder Ph

Abb. 3.39 Strukturen von $MeC(CH_2)_3E_3$ (E = As, Sb), $MeC(CH_2)_3As_3O_3$, $MeC(CH_2)_3As_3(NR)_3$, As_4O_6 und Sb_4O_6.

3.10 Bismut

Abgesehen vom tetraedrischen Zintl-Ion $[Bi_2Sn_2]^{2-}$ (Abschnitt 3.7) sind Clusterverbindungen des Bismuts kationisch. Die Gerüste der Kationen $[Bi_5]^{3+}$, $[Bi_8]^{2+}$ und $[Bi_9]^{5+}$ (Abb. 3.40) sind trigonal-bipyramidal, quadratisch-antiprismatisch beziehungsweise zweifach überdacht trigonal-prismatisch. Der mittlere Bi–Bi-Abstand in $[Bi_8]^{2+}$ beträgt 3.10 Å in guter Übereinstimmung mit dem Atomabstand in metallischem Bismut (3.09 Å). In $[Bi_5]^{3+}$ sind die Abstände ähnlich: 3.01 Å für Bi(Spitze)-Bi(Grundfläche), 3.32 Å für Bi(Grundfläche)-Bi(Grundfläche). Das Ion $[Bi_9]^{5+}$ ist ein Strukturbaustein von $Bi_{12}Cl_{14}$; zwischen je zwei Bi-Atomen findet man hier Abstände von 3.09 Å bis 3.74 Å.

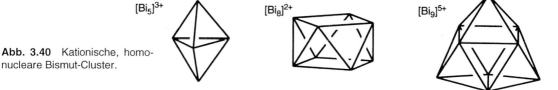

Abb. 3.40 Kationische, homonucleare Bismut-Cluster.

In stark sauren wäßrigen Lösungen von Bismut(III) liegt hauptsächlich das Cluster-Kation $[Bi_6(OH)_{12}]^{6+}$ vor. Es besteht aus einem oktaedrischen Bi_6-Gerüst, wobei jede Kante durch eine Hydroxylgruppe überbrückt wird. Zwischen benachbarten Bi-Atomen beträgt der Abstand 3.70 Å (entspricht etwa der oberen Grenze der für die eben diskutierten Kationen angegebenen Werte).

3.11 Schwefel, Selen und Tellur

Schwefelatome bilden keine homoatomaren Elementcluster; gleiches gilt für Selen und Tellur. Dieses Verhalten läßt sich schlüssig erklären, wenn man die Anzahl der Valenzelektronen eines Atoms aus Gruppe 16 in Betracht zieht (siehe Abschnitt 2.1). Schwefel und Selen bilden gemischte Gerüststrukturen mit Elementen der Gruppen 13 und 14, Beispiele hierfür sind Anionen wie $[E_4S_{10}]^{8-}$ (E = B, Ga, In), $[E_4Se_{10}]^{8-}$ (E = Ga, In), $[E_{10}S_{16}(SPh)_4]^{6-}$ (E = Ga, In) sowie neutrale Spezies wie $Tl_8(S^tBu)_8$ (Abb. 3.18), $(GeCF_3)_4Se_6$ (Abb. 3.29) oder $[\{^nBuSn(S)(\mu-O_2PPh_2)\}_3O]_2Sn$ (Abb. 3.31).

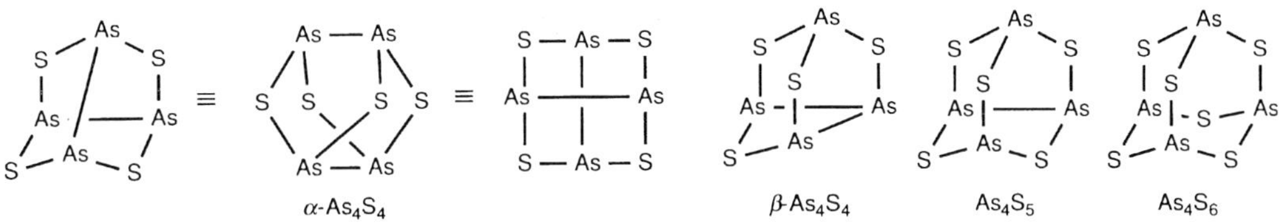

Abb. 3.41 Arsensulfid-Cluster.

Arsensulfide, die Sie in Abb. 3.41 sehen, treten als Cluster vom Adamantan-Typ auf. Die beiden Isomeren von As$_4$S$_4$ weisen dieselbe Struktur auf wie α- beziehungsweise β-P$_4$S$_4$ (Abb. 3.37). α-As$_4$S$_4$ finden Sie in drei verschiedenen Darstellungen; es soll daran deutlich werden, daß (1) alle Schwefelatome in einer Ebene liegen und (2) zwei zueinander orthogonale As–As-Bindungen existieren (As–As = 2.49 Å). As$_4$Se$_4$ ist isostrukturell mit As$_4$S$_4$; die Bindungsabstände As–As betragen jeweils 2.56 Å. Im Gegensatz dazu stehen die Strukturen von S$_4$N$_4$ (Abb. 3.42) und Se$_4$N$_4$. Die Valenzelektronen-Konfigurationen von S$_4$N$_4$, Se$_4$N$_4$, As$_4$S$_4$ und As$_4$Se$_4$ sind äquivalent. In S$_4$N$_4$ und Se$_4$N$_4$ liegen jedoch nicht die Atome der Elemente aus Gruppe 16, sondern die Stickstoffatome in einer Ebene. Jede S–N-Bindung in S$_4$N$_4$ ist 1.62 Å lang, die S–S-Abstände betragen 2.58 Å – vergleichen Sie diesen Wert mit der Summe der Kovalenzradien zweier Schwefelatome, 2.08 Å! In Se$_4$N$_4$ ist die Se–N-Bindung 1.80 Å lang, je zwei Selenatome sind 2.76 Å voneinander entfernt; die Summe zweier Kovalenzradien des Selenatoms beträgt dagegen 2.34 Å. Die Strukturen der höheren Sulfide, As$_4$S$_5$ und As$_4$S$_6$ (Abb. 3.41), stimmen mit denjenigen von P$_4$S$_5$ beziehungsweise P$_4$O$_6$ überein; beachten Sie, daß As$_4$S$_6$ *nicht* isostrukturell mit P$_4$S$_6$ ist!

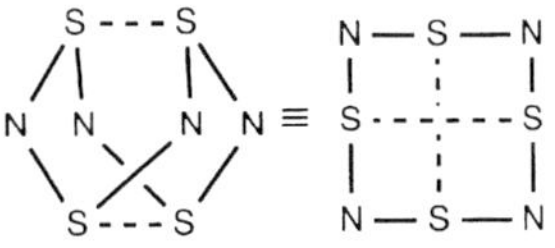

Elemente der Gruppe 16 neigen zur Bildung von langen Ketten – so entsteht eine Palette cyclischer Moleküle und Kationen des Schwefels, Selens und Tellurs. Wollten wir sie alle ausführlich diskutieren, würde dies den Rahmen dieses Buches bei weitem sprengen. Oft werden die Kationen [Te$_6$]$^{4+}$, [Te$_3$Se$_3$]$^{2+}$ und [Te$_2$Se$_4$]$^{2+}$ (Abb. 3.43 und 3.44) als Cluster bezeichnet, obwohl die beiden Dikationen eigentlich nur bicyclische Moleküle sind. Jedes der Gerüste ist von einem trigonalen Prisma abgeleitet. [Te$_6$]$^{4+}$ stellt eine Art langgezogenes Prisma dar; bricht man jeweils zwei der neun Kanten dieser Struktur auf, so gelangt man zu den beiden Dikationen (Abschnitt 4.4).

Der Vollständigkeit halber sollen noch die gefalteten monocyclischen Kationen [S$_8$]$^{2+}$, [Se$_8$]$^{2+}$ und [Te$_8$]$^{2+}$ aufgeführt werden. Dabei findet man in [Te$_8$]$^{2+}$ transannulare Te–Te-Abstände von 2.99 Å – diese sind *geringer* als die über die langen Kanten von [Te$_6$]$^{4+}$. Man sieht, daß es nicht so einfach ist, Wechselwirkungen zwischen den Atomen solcher Cluster als bindend oder nichtbindend einzustufen. Die einfachen, planar-cyclischen Kationen [E$_4$]$^{2+}$ (E = S, Se, Te) wollen wir nicht als Clustermoleküle auffassen.

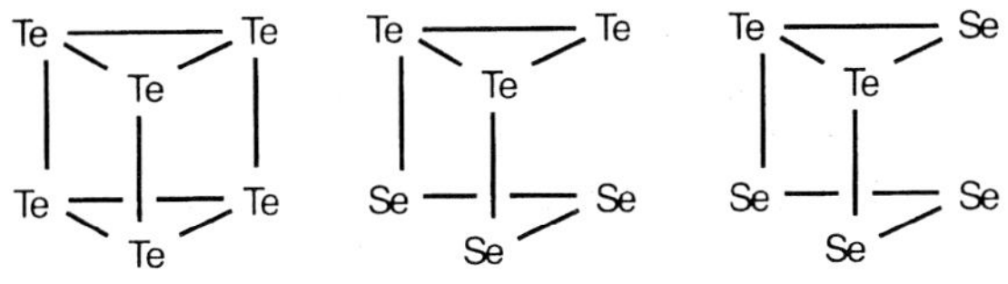

Die *Adamantan-Struktur* finden Sie in Abb. 3.19.

Abb. 3.42 Struktur von S$_4$N$_4$.

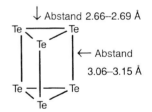

Abb. 3.43 [Te$_6$]$^{4+}$, ein gestrecktes Prisma.

Abb. 3.44 Strukturen der Kationen [Te$_6$]$^{4+}$, [Te$_3$Se$_3$]$^{2+}$ und [Te$_2$Se$_4$]$^{2+}$.

4 Chemische Bindung

4.1 Einführung: Lokalisierte und delokalisierte Bindung

Will man sich eine Vorstellung von den Bindungsverhältnissen in einem einfachen Molekül verschaffen, geht man gewöhnlich davon aus, daß das Zentralatom im elektronischen Grundzustand vorliegt. Die Anzahl der Bindungen, die ein bestimmtes Atom eingehen kann, hängt von der Anzahl seiner Valenzelektronen ab sowie von der Zahl der Atomorbitale, die besetzt werden können. Bei den Elementen der zweiten Periode kommen als Valenzorbitale 2s und 2p in Frage. Betrachten wir das Kohlenstoffatom: Seine Valenzkonfiguration im Grundzustand lautet $2s^2 2p^2$. Wird eins der s-Elektronen in ein p-Orbital angehoben, so entsteht ein angeregter Zustand (Abb. 4.1) – man sieht leicht ein, daß jetzt vier Bindungen gebildet werden können. Für das Kohlenstoffatom erwartet man eine der drei folgenden Geometrien: tetraedrisch, trigonal-eben oder linear. Zur Erklärung der Bindungsverhältnisse bedient man sich des Modells der Hybridisierung (Abb. 4.1). Ist das Atom sp^3-hybridisiert, können 4 σ-Bindungen geknüpft werden. Bei sp^2- oder sp-Hybridisierung stehen ein beziehungsweise zwei reine p-Orbitale für π-Bindungen zur Verfügung. Es handelt sich in allen angeführten Fällen um 2-Zentren-2-Elektronen-Bindungen.

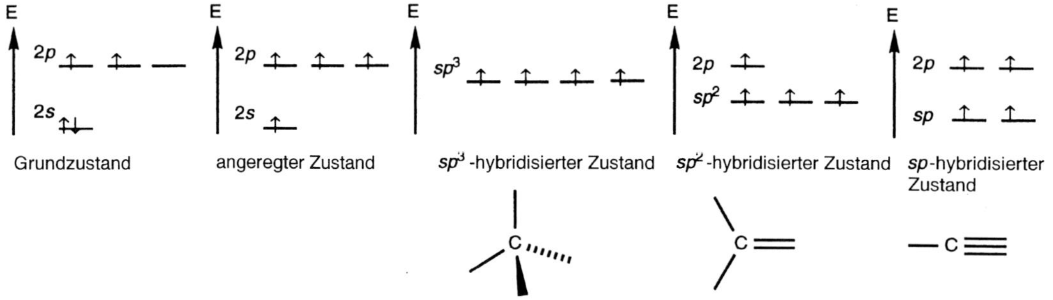

Abb. 4.1 Das Kohlenstoffatom: Grund- und valenzangeregter Zustand, tetraedrische, trigonal-planare und lineare Geometrie.

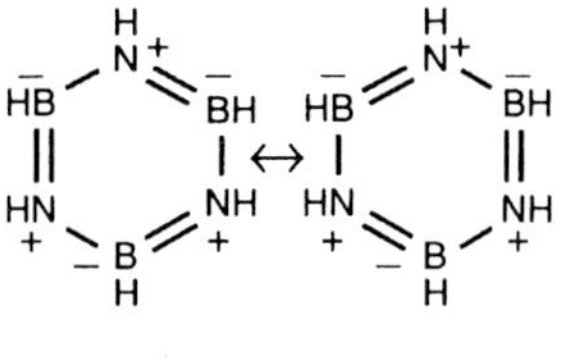

Abb. 4.2 Resonanzstrukturen von [HBNH]₃.

Erstreckt sich ein π-Elektronen-System über mehr als zwei benachbarte Atome, werden die π-Elektronen delokalisiert. So findet man im Benzolring nicht abwechselnd Einfach- und Doppelbindungen, sondern infolge der pπ-pπ-Wechselwirkung liegen sechs äquivalente C–C-Bindungen vor. Borazin, [HBNH]₃ (Abb. 4.2), ist ein anorganisches, mit Benzol isoelektronisches Ringsystem. Auch hier wirkt die π-Delokalisation stabilisierend. Jedes Bor- bzw. Stickstoffatom wird als sp^2-hybridisiert betrachtet. Das eine 2p-Atomorbital (AO), das nicht an der Hybridisierung beteiligt ist, enthält ein nichtbindendes Elektronenpaar (Stickstoff) beziehungsweise ist leer (Bor). Die Folge ist, daß Stickstoff gegenüber Bor als π-Donator fungiert und im Effekt ein System aus 6 delokalisierten π-Elektronen entsteht. Im Gegensatz zum Benzol sind die Bindungen im Ring jedoch polar – die Stickstoff- bzw. Boratome tragen eine negative bzw. positive Partialladung. Beachten Sie dabei, daß die in die Resonanzstrukturen (Abb. 4.2) eingezeichneten Formalladungen nicht den Nettoladungen der Atome im Molekül entsprechen; die Elektronegativitäten nach Pauling von Stickstoff und Bor betragen 3.04 bzw. 2.04. Das bedeutet: Trotz des stabilisierenden Einflusses des π-Systems kann [HBNH]$_3$ sowohl nucleophil (am Boratom) als auch elektrophil (am Stickstoffatom) angegriffen werden.

Im Borazin wirkt jedes B-Atom als Lewis-Säure, d. h. Elektronenacceptor, bezüglich einer benachbarten Lewis-Base (N-Atom). In vielen Verbindungen, die Bor oder ein anderes Element aus Gruppe 13 enthalten, findet man diese Tendenz wieder. So sieht man z. B. in Abb. 4.3, daß einfache Borhalogenide durch pπ-pπ-Wechselwirkungen stabilisiert werden. Sind diese stark genug ausgeprägt, so wird die Lewis-Acidität des Boratoms reduziert und der Angriff anderer Lewis-Basen erschwert. Betrachtet man BX$_3$ (X = Halogenatom), so sinkt die pπ-pπ-Wechselwirkung zwischen Bor und Halogen in der Reihenfolge F > Cl > Br > I. In AlCl$_3$ kommt die Lewis-Acidität des Aluminiumatoms darin zum Ausdruck, daß Dimere Al$_2$Cl$_6$ gebildet werden (Gl. 4.1). Dabei ändert sich die Geometrie am Al-Atom von trigonal-eben in tetraedrisch. Dieser Effekt läßt sich leicht einsehen, wenn man sich zunächst das Al-Atom mit drei gebundenen Halogen-Atomen vorstellt – ein AO ist unbesetzt und stereochemisch *nicht* aktiv – und dann ein Al-Atom mit Bindungen zu vier Halogen-Atomen.

Abb 4.3 π-Stabilisierung in BX$_3$ (X = Halogen); π-Wechselwirkungen treten in Richtung aller drei B–X-Bindungen auf.

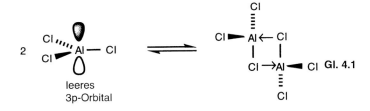

4.2 Kleine kohlenstoffhaltige Cluster: Reicht die lokalisierte Bindung zur Beschreibung aus?

Die Bindungsverhältnisse in organischen Clustern werden gewöhnlich auf der Grundlage lokalisierter 2-Zentren-2-Elektronen-Bindungen erklärt. Für Adamantan und andere diamantartige Moleküle ist diese Beschreibung vollkommen korrekt (Abb. 3.19 und 3.20) – hier ist jedes Kohlenstoffatom (zumindest annähernd) tetraedrisch von seinen Bindungspartnern umgeben.

Während das Benzol-Molekül eben ist, weist sein Isomer Benzvalen eine dreidimensionale C$_6$-Struktur auf. Dabei werden die freien Valenzen jedes Kohlenstoffatoms durch lokalisierte Bindungen abgesättigt, wie in Abb. 4.4 zu sehen ist. Zwei Kohlenstoffe sind formal sp^2-, die vier anderen sp^3-hybridisiert.

Im C$_8$-Gerüst von Cuban, C$_8$H$_8$ (Abb. 4.4), besetzt jedes C-Atom eine Ecke des Würfels und bildet eine exocyclische (aus dem Gerüst herauszeigende) und drei endocyclische (am Gerüstaufbau beteiligte) Bindungen aus. Man sollte annehmen, daß sich ein solches C-Atom mit vier Einfachbindungen mittels sp^3-Hybridisierung beschreiben läßt. Die endocyclischen C–C–C-Winkel sind infolge der Würfelform jedoch bei 90° fixiert – ein Wert, der ziemlich deutlich von den 109.5° großen Bindungswinkeln abweicht, die man für ein sp^3-hybridisiertes Kohlenstoffatom erwartet. Eine Lösung dieses Problems bietet das Konzept der sogenannten *bent bonds* (engl.; etwa „gebogene Bindung" – gelegentlich findet man den Begriff „Bananenbindung"). Wir wollen das am Beispiel des Cubans untersuchen. Für jede Bindung gibt es zwei Rahmenbedin-

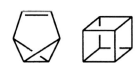

Abb. 4.4 Benzvalen und Cuban; an jedem Eckpunkt befindet sich {CH}.

Von einer *bent bond* spricht man, wenn das Maximum der Bindungselektronendichte nicht auf der kürzesten Verbindungslinie zwischen den betreffenden Kernen liegt.

gungen: (1) Die endocyclischen C–C–C-Winkel im C$_8$-Gerüst betragen 90°. (2) Jedes vierfach koordinierte C-Atom wollen wir als sp^3-hybridisiert betrachten. Eins der Hybridorbitale dient jeweils zur Ausbildung der gerichteten, exocyclischen 2-Zentren-2-Elektronen-Bindung zum Substituenten (Abb. 4.5). Die verbliebenen drei Keulen des sp^3-Hybridorbitals zeigen demzufolge nicht in Richtung der Kanten des Würfels, sondern etwas nach *außen*. Durch Wechselwirkungen zwischen Orbitalen benachbarter C-Atome entstehen daher C–C-*bent bonds*. Man wendet diese Beschreibung nicht nur auf Clustermoleküle an, sondern auch auf kleine Ringsysteme wie etwa Cyclopropan.

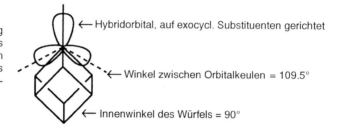

Abb. 4.5 Relative Orientierung der drei sp^3-Hybridorbitale eines Eck-Kohlenstoffatoms bezüglich der Würfelstruktur des Cubans C$_8$H$_8$. Nur drei der vier Orbitalkeulen sind abgebildet.

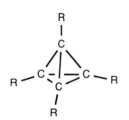

Abb. 4.6 Tetrahedran.

Auch im Tetrahedran C$_4$R$_4$ (Abb. 4.6, R = ^{t}Bu) kann man von sp^3-hybridisierten C-Atomen ausgehen. Je ein Hybridorbital zeigt in Richtung des exocyclischen Substituenten, die übrigen drei weisen im Prinzip auf die anderen Gerüst-C-Atome, sind aber von den C$_4$-Tetraeder-Kanten weg gerichtet. So gelangt man zu sechs 2-Zentren-2-Elektronen-*bent bonds*. In erster Näherung ist diese Beschreibung ganz sinnvoll. Allerdings ist die Spannung der endocyclischen C–C–C-Bindungswinkel (je 60°) wesentlich größer als im Cuban. Weiterhin hat man festgestellt, daß die C–C-Bindungen in C$_4^t$Bu$_4$ (1.49 Å) bedeutend kürzer sind als typische C–C-Einfachbindungen (1.54 Å). Chemische Veder ^{13}C-NMR-Spektroskopie sind auf den Hybridisierungszustand einzelner C-Atome empfindlich; entsprechende Meßdaten deuten darauf hin, daß man die Gerüst-Kohlenstoffatome in C$_4^t$Bu$_4$ korrekt als sp-hybridisiert betrachten sollte. Nun läßt sich unter Verwendung geeigneter Hybridorbitale folgendes Bindungsmodell (am Beispiel des C$_4$H$_4$-Clusters) aufstellen: Ein sp-Hybridorbital jedes der vier Gerüst-C-Atome tritt mit dem 1s-Orbital eines terminalen Wasserstoffatoms in Wechselwirkung. Je C-Atom verbleiben so ein sp-Hybrid- und zwei 2p-Orbitale (Abb. 4.7); diese drei bezeichnet man auch als *Grenz-Molekülorbitale (Grenz-MOs)* des {CH}-Fragments. Sie stehen für die Knüpfung der Bindungen zu drei anderen {CH}-Einheiten zur Verfügung, so daß ein C$_4$-Tetraeder entstehen kann. In Abb. 4.8 sehen Sie, wie durch Kombination dieser Orbitale sechs gerüstbindende MOs zustande kommen. In der Gestalt dieser MOs kommt zum Ausdruck, daß von den drei Grenzorbitalen jedes {CH}-Fragments je ein sp-Hybridorbital ins Zentrum des Clusters zeigt, die beiden p-Orbitale sind tangential bezüglich der Tetraeder-Oberfläche gerichtet. Im Fall des C$_4$H$_4$ gibt es ein einzelnes MO, Ψ_5, das durch Überlappung der vier sp-Hybridorbitale gebildet wird. Es folgt ein Satz dreifach entarteter MOs (Ψ_6, Ψ_7, Ψ_8), eins davon ist in Abb. 4.8 eingezeichnet. Die energetisch am höchsten liegenden bindenden MOs, Ψ_9 und Ψ_{10}, sind ebenfalls entartet. Nur wenn alle sechs bindenden MOs doppelt besetzt sind, kann das Tetrahedran-Molekül stabil sein – dies ist möglich, weil jede {CH}-Einheit drei Valenzelektronen in den Cluster einbringt.

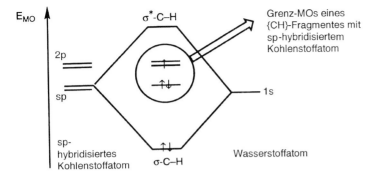

Abb. 4.7 MO-Diagramm für die Bildung eines {CH}-Fragments aus einem sp-hybridisierten Kohlenstoffatom und einem Wasserstoffatom; für jede {CR}-Gruppe, in der das C-Atom sp-hybridisiert vorliegt, läßt sich ein ähnliches Diagramm zeichnen.

Zuletzt ist die Anzahl der Valenzelektronen zu berücksichtigen. Das Wasserstoffatom bringt ein Elektron, das Kohlenstoffatom vier Elektronen mit.

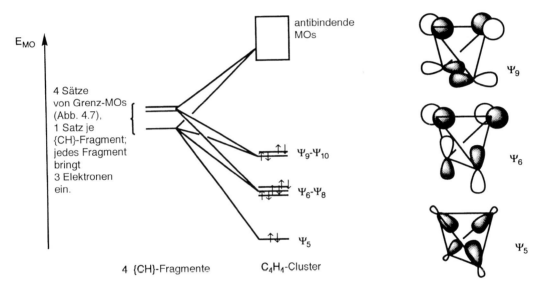

Abb. 4.8 MO-Diagramm für C_4H_4; es ist zu erkennen, wie das C_4-Gerüst durch Überlappung der Grenzorbitale von vier {CH}-Fragmenten gebildet wird. Energetisch am niedrigsten liegen die MOs Ψ_{1-4} mit terminal C–H-bindendem Charakter; sie wurden im Diagramm weggelassen.

Im Titel diese Abschnitts stellten wir die Frage: *Lassen sich die Bindungsverhältnisse in kleinen kohlenstoffhaltigen Clustern mit Hilfe lokalisierter Bindungen hinreichend gut beschreiben?* Die Antwort lautet: Ja, in erster Näherung ist dieser Ansatz sinnvoll; weicht die Geometrie an den Kohlenstoffatomen jedoch signifikant von der Tetraederform ab (wie für C_4H_4), kommt eine Beschreibung mit Hilfe von Mehrzentren-Bindungen der Wirklichkeit näher.

Einen wichtigen Aspekt wollen wir nicht übersehen: Die Anzahl bindender MOs im C_4-Gerüst von C_4H_4 (und demzufolge auch die Anzahl clusterbindender Elektronenpaare) ist *die gleiche*, die man auch zu einer Beschreibung der Bindungsverhältnisse anhand lokalisierter 2-Zentren-2-Elektronen-Bindungen entlang der Tetraederkanten benötigen würde – es gibt sechs besetzte gerüstbindende MOs in C_4R_4 und genauso sechs C–C-Kanten im Tetraeder. Dieser Fakt trifft auch für andere tetraedrische Cluster von p-Block-Elementen zu, beispielsweise für P_4 und $[Bi_2Sn_2]^{2-}$. Wenn man stets im Auge behält, daß es sich nur um ein *vereinfachtes Modell* handelt, darf man durchaus so tun, als ob derartige Moleküle lokalisierte Bindungen entlang der Kanten besäßen.

4.3 Einige Cluster von Elementen der Gruppe 15

Jeder der tetraedrischen Cluster E_4 mit E = P, As, Sb oder Bi besitzt 20 Valenzelektronen (VE); ein nichtbindendes Elektronenpaar je Atom ist vom Kern weg gerichtet, so bleibt gerade die richtige Anzahl von Elektronen übrig, daß sechs lokalisierte σ-Bindungen geknüpft werden können (eine über jede Kante des Tetraeders). Die Bindungsverhältnisse in diesen Molekülen sind daher ähnlich denen im Tetrahedran, die uns im Abschnitt 4.2 beschäftigt haben.

20 VE Bi_4
6 VE-Paare für σ-Bindung
4 VE-Paare: freie El.-Paare

22 VE $[Bi_4]^{2-}$
4 VE-Paare für σ-Bindung plus 6 π-Elektronen
4 VE-Paare: freie El.-Paare

Abb. 4.9 Clusteröffnung von Bi_4 zum $[Bi_4]^{2-}$; VE: Valenzelektronen.

bindend

nichtbindend

nichtbindend

antibindend

Abb. 4.10 π-Molekülorbitale des quadratischen $[Bi_4]^{2-}$-Rings.

Werden einem Bi_4-Molekül zwei Elektronen zugefügt, so ändert sich die Struktur – aus dem Tetraeder wird ein offenes Quadrat (Abb. 4.9). Wie in Bi_4 ordnet man auch hier jedem Bismutatom ein nichtbindendes Elektronenpaar zu. Von den verbleibenden 14 Valenzelektronen werden 8 zur Bildung der vier Bi–Bi-σ-Bindungen verbraucht, 6 weitere sind an π-Wechselwirkungen beteiligt. In Abb. 4.10 sehen Sie die MOs, die das π-System bilden; nur eins der MOs ist ringbindend, so daß vier der sechs Elektronen nichtbindende MOs besetzen. Übereinstimmend mit diesen Vorstellungen findet man in $[Bi_4]^{2-}$ Bindungslängen von 2.94 Å – sie deuten auf sehr wenig π-Anteil in den Bi–Bi-Bindungen hin. Die mit $[Bi_4]^{2-}$ isoelektronischen Kationen $[E_4]^{2+}$ (E = S, Se oder Te) lassen sich analog beschreiben.

In Abb. 4.11 ist der Reaktionsverlauf der chemischen Oxidation von P_4 dargestellt. Die Elektronenverteilung im P_4-Tetraeder läßt sich mit Hilfe lokalisierter Bindungen adäquat erklären. Während der schrittweisen Oxidation werden zunächst die P–P-Kanten aufgespalten und lokalisierte P–O-Bindungen gebildet. Dabei bringt jedes O-Atom zwei Elektronen in je eine P–P-Bindung ein, so daß die Valenzelektronen insgesamt zur Knüpfung von zwölf 2-Zentren-2-Elektronen-Bindungen in P_4O_6 ausreichen. Wird anschließend zum P_4O_{10} weiteroxidiert, so sind auch die nichtbindenden Elektronenpaare an den P-Atomen in O–P-Wechselwirkungen einbezogen. Übereinstimmend mit den möglichen Resonanzstrukturen (unten rechts in Abb. 4.11) sind die terminalen P–O-Bindungen etwas kürzer (1.43 Å) als die P–O–P-Brückenbindungen (1.60 Å). Der Phosphor-Phosphor-Abstand wird von 2.21 Å in P_4 bis auf über 2.80 Å im Oxid aufgeweitet – gut erklärbar mit der Umwandlung einer vormals bindenden in eine nichtbindende Wechselwirkung. Der Cluster hat sich räumlich ausgedehnt und wird nun von den P–O–P-Brücken zusammengehalten. Ein analoges Schema lokalisierter Bindungen läßt sich auf die Cluster P_4S_{10}, $P_4O_4S_6$ und $P_4O_6S_4$ (siehe Abb. 3.36) anwenden. P_4S_3 leitet sich von P_4 ab, indem drei P–P-Kanten aufgebrochen und durch S-Atome überbrückt werden. $[P_7]^{3-}$ und P_7R_3 (R = Alkylrest) sind mit P_4S_3 verwandt – jedes S-Atom wird durch P[-] beziehungsweise {PR} ersetzt.

Zu den Bindungsverhältnissen in tetraedrischen Clustern siehe Abschnitt 4.2.

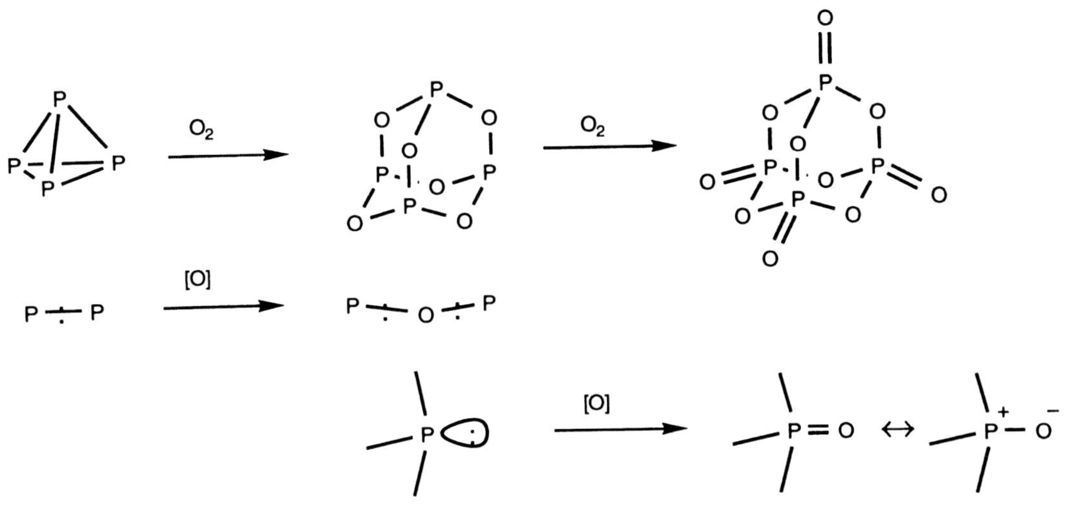

Abb. 4.11 Oxidation von P₄ zu P₄O₆ und weiter zu P₄O₁₀.

4.4 Bindungsverhältnisse in Ringen und Clustern von Elementen aus Gruppe 16

Eine Modifikation elementaren Schwefels besteht aus S_8-Ringen, die sich anhand eines einfachen 2-Zentren-2-Elektronen-Bindungsmodells beschreiben lassen. Jedes S-Atom besitzt sechs Valenzelektronen; zwei davon bilden die Bindungen zu je zwei benachbarten S-Atomen aus, übrig bleiben zwei stereochemisch aktive nichtbindende Elektronenpaare. Der Ring ist also ein 48-VE-System. Durch zweifache Oxidation entsteht das Kation $[S_8]^{2+}$ mit 46 VE; dabei faltet sich der Ring, und es treten transannulare S---S-Wechselwirkungen auf (Abb. 4.12).

VE = Valenzelektronen

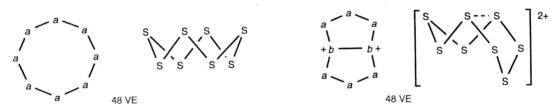

Abb. 4.12 Strukturveränderungen bei zweifacher Oxidation von S_8. Jedes Atom vom Typ *a* besitzt zwei, jedes Atom vom Typ *b* ein nichtbindendes Elektronenpaar. Die gestrichelte Linie in der Zeichnung ganz rechts wird im Text erklärt.

Zum besseren Verständnis bietet es sich an, die Ringatome nach ihrer Bindigkeit in zwei Typen *a* und *b* einzuteilen (Abb. 4.12). Jedes zweifach koordinierte Atom (Typ *a*) besitzt – wie in S_8 – zwei nichtbindende Elektronenpaare, während diejenigen Atome, die an der transannularen Bindung beteiligt sind (Typ *b*), nur jeweils eins besitzen. Das heißt, von den insgesamt 46 VE befinden sich ({6×4} + {2×2}) in nichtbindenden Paaren, die 18 übrigen sind für die Bindungen verantwortlich. Es müssen also 9 kovalente Bindungen gebildet werden, damit das Dikation ein gesättigtes System wird – so läßt sich

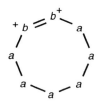

Abb. 4.13 Resonanzstruktur von $[S_8]^{2+}$ ohne transannulare Bindungen; die Atomtypen sind mit *a* und *b* bezeichnet (siehe Text).

die transannulare Wechselwirkung erklären. Man kann jedoch ohne weiteres andere Resonanzstrukturen *ohne* eine solche Bindung durch den Ring, aber mit jeweils einer S=S-Doppelbindung aufschreiben (Abb. 4.13) – auch diese Strukturen tragen zu den wirklichen Bindungsverhältnissen im Ring bei und schwächen den Einfluß der transannularen Bindung. In S_8 beziehungsweise $[S_8]^{2+}$ findet man S–S-Bindungslängen von 2.06 Å bzw. 2.04 Å, die Bindung durch die Ringmitte in $[S_8]^{2+}$ ist dagegen 2.83 Å lang.

Ähnlich kann man bei der Erklärung der Bindungsverhältnisse in $[E_6]^{n+}$ (E = Element der Gruppe 16) vorgehen. An einem Ende der Reihe steht das neutrale E_6, vertreten beispielsweise durch S_6. Man kann hier ein Modell lokalisierter Bindungen anwenden: Es gibt 36 VE, so gehört jedes Atom zum Typ *a* (mit zwei nichtbindenden Elektronenpaaren), und es bleiben 6 Elektronenpaare für die bindenden Wechselwirkungen übrig. E_6 kann man also als Ring mit sechs 2-Zentren-2-Elektronen-Bindungen auffassen. Das andere Extrem ist die Spezies $[E_6]^{6+}$ – ein trigonales Prisma mit neun Kantenbindungen, jedes Atom ist vom Typ *b*. Bis jetzt konnte noch nie ein Hexakation dieser Art isoliert werden. Man kennt jedoch das Kation $[Te_6]^{4+}$; ein Molekül $[E_6]^{4+}$ besitzt 32 VE, so daß es zwei Atome vom Typ *a* und vier vom Typ *b* geben kann. 16 VE verbleiben für die Gerüstbindung. Bei der Prognose einer Struktur für ein solches Ion kann man von zwei Seiten her beginnen: Zum einen läßt sich die oxidierte Spezies $[E_6]^{4+}$ von einem neutralen E_6-Ring ableiten (Abb. 4.14, oben). Von den möglichen Resonanzstrukturen des Kations sind vier angegeben. Andererseits kann man $[E_6]^{4+}$ auch durch Reduktion des hypothetischen $[E_6]^{6+}$ bilden (Abb. 4.14, unten) – hier wird durch Hinzufügen eines Elektronenpaars eine der E–E-Bindungen gespalten. Sie sehen drei der möglichen Resonanzstrukturen des Tetrakations. Es ist leicht zu erkennen, daß beide Ansätze in der Konsequenz zum selben Ergebnis führen. Experimentell fand man, daß $[Te_6]^{4+}$ wie ein langgezogenes trigonales Prisma aufgebaut ist (siehe Abb. 3.43). Man versteht diesen Befund, wenn man sich die drei Strukturen in Abb. 4.14 (unten) überlagert vorstellt. Analysiert man die Bindung in $[E_6]^{4+}$ im MO-Bild, so zeigt sich, daß die Besetzung eines antibindenden Orbitals (Abb. 4.15) für die Verlängerung des Prismas verantwortlich ist.

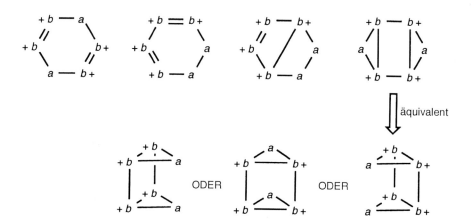

Abb. 4.14 Resonanzstrukturen des Kations $[E_6]^{4+}$. Man erhält sie ausgehend vom neutralen E_6-Ring durch Oxidation (oben) oder aus dem hypothetischen Kation $[E_6]^{6+}$ durch Reduktion (unten).

Zum Dikation [E$_6$]$^{2+}$ (beispielsweise [Te$_3$Se$_3$]$^{2+}$ oder [Te$_2$Se$_4$]$^{2+}$) gelangt man durch zweifache Oxidation von E$_6$ (Bindungsbildung) oder zweifache Reduktion von [E$_6$]$^{4+}$ (Bindungsspaltung). Die jeweiligen Resultate sehen Sie in Abb. 4.16: Von den 34 vorhandenen VE werden 14 zur Ausbildung von sieben E–E-Bindungen benötigt.

4.5 Cluster mit Donor-Acceptor-Wechselwirkungen

In Abschnitt 4.1 wurde bereits auf die Bedeutung der koordinativen (dativen) Bindung zwischen einem elektronenarmen und einem elektronenreichen Atom oder Molekül eingegangen. Durch intermolekulare Bindungsknüpfung entstehen nicht nur Dimere wie Al$_2$Cl$_6$, sondern auch Trimere und höhere Oligomere. Um nur einige Beispiele zu nennen – die Strukturen von Clustern wie [MeNBCl$_2$]$_4$ (Abb. 3.13), Iminoalanen (Abb. 3.14 und 3.5), Cubanen wie [^{i}BuAlPSiPh$_3$]$_4$ und thalliumhaltigen Cubanen (Abb. 3.17) beruhen auf Donor-Acceptor-Wechselwirkungen.

Anhand eines monocyclischen Moleküls lassen sich die Bindungsverhältnisse am einfachsten beschreiben. Betrachten wir dazu die Bildung des cyclischen Trimers [Me$_2$PBH$_2$]$_3$ (Abb. 4.17). Im monomeren Me$_2$PBH$_2$ existieren neben einem σ-Gerüst (2-Zentren-2-Elektronen-Bindungen) ein nichtbindendes Elektronenpaar am Phosphoratom sowie ein leeres 2p-Orbital am Boratom. Die dative Bindung vom Phosphor zum Bor kann nun intra- oder intermolekular aufgebaut werden; im letzteren Fall entsteht das Oligomer. Einige der Cluster in z. B. den Abbildungen 3.14 und 3.17 sehen recht kompliziert aus – die Bindungsverhältnisse können jedoch völlig analog zum lokalisierten Bindungsbild des [Me$_2$PBH$_2$]$_3$ erklärt werden.

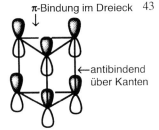

Abb. 4.15 Durch Besetzung eines partiell antibindenden MOs wird das [E$_6$]$^{4+}$-Prisma in die Länge gezogen.

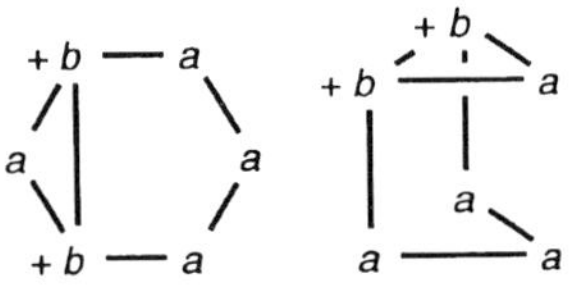

Abb. 4.16 Resonanzstrukturen des [E$_6$]$^{2+}$, aufgefaßt einmal als Oxidation eines E$_6$-Rings und einmal als Reduktion eines [E$_6$]$^{4+}$-Prismas. Beide Strukturen sind äquivalent.

Abb. 4.17 Trimerisierung von Me$_2$PBH$_2$ zum [Me$_2$PBH$_2$]$_3$.

4.6 Bindung in Elektronenmangel-Clustern

B–H–B-Brückenbindungen in Diboran(6)

Bevor wir uns mit Elektronenmangel-Clustern näher beschäftigen, ist es nützlich, kurz die Bindungsverhältnisse im Diboran(6) (B$_2$H$_6$) zu analysieren. Im BH$_3$ besitzt jedes B-Atom ein leeres 2p-Orbital, das bereitwillig ein Elektronenpaar von einer Lewis-Base L aufnimmt (Abb. 4.18). Ist keine Lewis-Base vorhanden, dimerisiert BH$_3$, indem ein B–H-bindendes Elektronenpaar in ein leeres 2p-AO eines zweiten BH$_3$-Moleküls abgegeben wird. Dies ist eine zweiseitige Beziehung: Würde das Elektronenpaar vollständig auf das andere BH$_3$-Molekül übertragen, so wäre das Resultat lediglich ein Wasserstoffatom-

Der Begriff *Elektronenmangel-Verbindung* wurde in Abschnitt 1.2 definiert.

Eine B–H–B-Brücke ist ein Beispiel für eine 3-Zentren-2-Elektronen-Bindung.

44 *Chemische Bindung*

Austausch zwischen zwei BH$_3$-Spezies, und das unbesetzte 2p-Orbital würde keineswegs aufgefüllt. Statt dessen werden zwei Bindungselektronen (von je einem BH$_3$-Baustein) zwischen 3 Atomzentren aufgeteilt, so daß eine B–H–B-Brücke entsteht (Abb. 4.18). Für jedes Boratom ist im Ergebnis die Oktettregel erfüllt (zumindest bis eine stärkere Lewis-Base zur Verfügung steht, siehe Abschnitt 6.2). Der Elektronenmangel in B$_2$H$_6$ wird also durch 3-Zentren-2-Elektronen-Wechselwirkungen ausgeglichen.

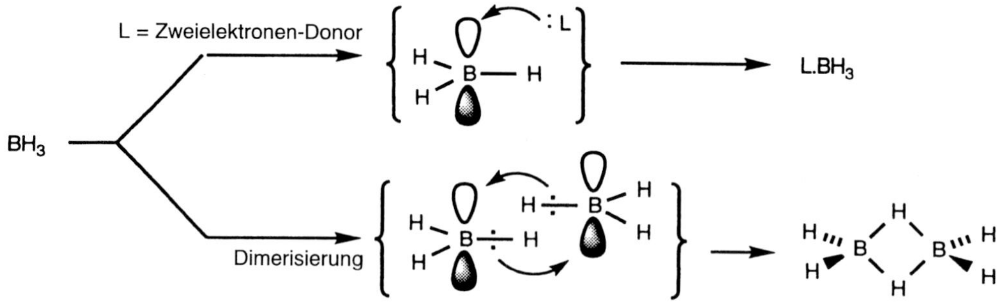

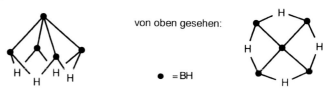

Abb. 4.18 Zwei Möglichkeiten, wie ein Boratom in BH$_3$ ein vollständiges Oktett erreichen kann.

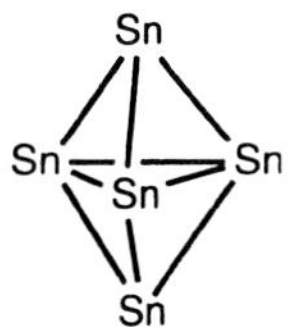

Abb. 4.19 Struktur von [Sn$_5$]$^{2-}$.

Die Definition des *Zintl-Ions* finden Sie in Abschnitt 3.7.

Die *styx*-Regeln von Lipscomb

Clustermoleküle von Elementen der Gruppe 13, insbesondere Bor, und in geringerem Ausmaß auch von Elementen der Gruppe 14 weisen Strukturen auf, deren Bindungsverhältnisse sich mit Hilfe lokalisierter 2-Zentren-2-Elektronen-Bindungen nur sehr unzureichend erklären lassen. Betrachten wir das Zintl-Ion [Sn$_5$]$^{2-}$ mit einer geschlossenen trigonal-bipyramidalen Struktur (Abb. 4.19): Es besitzt 22 VE, nach Abzug eines nichtbindenden Elektronenpaars je Atom bleiben nur 12 VE für die Gerüstbindung übrig. Ganz offensichtlich reicht das nicht aus, um neun entlang der Kanten des Polyeders lokalisierte Bindungen auszubilden. Ähnlich kann man die Topologie von Bor und vier der Wasserstoffatome in B$_5$H$_9$ nicht mit der Zahl der Valenzelektronen erklären (Abb. 4.20).

Abb. 4.20 Struktur von B$_5$H$_9$.

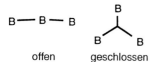

Abb. 4.21 Offene und geschlossene B–B–B-Wechselwirkung.

Die Valenzelektronenverteilung in Boran-Clustern kann man sich mit Hilfe lokalisierter 2-Zentren- *und* 3-Zentren-2-Elektronen-Bindungen erklären. William Lipscomb hat diese Methode entwickelt – ein Gleichungssystem, das *styx*-Regel (nach den auftretenden Variablen) benannt wurde. Man erhält ein geeignetes Bindungsschema für ein gegebenes Molekül, indem man die Gleichungen 4.2 simultan löst. Dabei ist *s* die Anzahl der 3-Zentren-2-Elektronen-B–H–B-Wechselwirkungen (3Z-2E-BHB), *t* die Anzahl ensprechender B–B–B-Brückenbindungen (3Z-2E-BBB) (Abb. 4.21), *y* die Anzahl der 2-Zentren-2-Elektronen-B–B-Bindungen (2Z-2E-BB) und x die Zahl der BH$_2$-Fragmente. Die allgemeine Formel des Borans lautet B$_p$H$_{p+q}$.

$$s + x = q \qquad s + t = p \qquad t + y = p - q/2 \qquad \textbf{Gl. 4.2}$$

B$_5$H$_9$: Ein Beispiel für die Anwendung der *styx*-Regel

1. Bestimmen Sie zunächst p und q des betrachteten Borans:
   B$_5$H$_9$: $p = 5$ $q = 4$.
2. Wählen Sie die möglichen Werte von s mit $0 \leq s \leq p$:
   B$_5$H$_9$: $0 \leq s \leq 5$.
3. Lösen Sie Gl. 4.2 für jeden dieser Werte von s:
   $s = 0$: $x = 4$ $t = 5$ $y = -2$
   $s = 1$: $x = 3$ $t = 4$ $y = -1$
   $s = 2$: $x = 2$ $t = 3$ $y = 0$
   $s = 3$: $x = 1$ $t = 2$ $y = 1$
   $s = 4$: $x = 0$ $t = 1$ $y = 2$
   $s = 5$: $x = -1$ $t = 0$ $y = 3$
4. Verwerfen Sie alle Lösungen, in denen ein negativer Wert für mindestens eine der Variablen auftritt; wie Sie sich anhand der oben gegebenen Definitionen von s, t, y und x überzeugen können, sind diese Lösungen sinnlos.
   B$_5$H$_9$: es verbleiben drei Varianten
   $(styx) = (2302), (3211), (4120)$
5. Interpretieren Sie diese Lösungen mit Hilfe von Strukturdiagrammen.
   B$_5$H$_9$:
   Die möglichen Resultate sehen Sie in Abb. 4.22. So bedeutet zum Beispiel $(styx) = (2302)$, daß zwei 3Z-2E-BHB-Wechselwirkungen, drei 3Z-2E-BBB-Brücken, keine 2Z-2E-BB-Bindung und zwei BH$_2$-Einheiten vorliegen. Man kann anhand der Bilder nicht einfach entscheiden, welche der möglichen Strukturen wirklich existieren. Im Nachhinein hilft das Experiment: Struktur (4120) sollte bevorzugt sein.

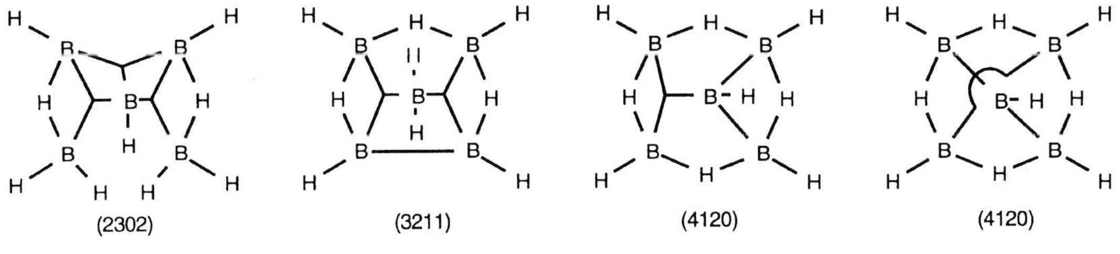

Abb. 4.22 Strukturen von B$_5$H$_9$, die mit Hilfe der *(styx)*-Regeln vorausgesagt wurden. Beachten Sie: *(styx)* = (4120) führt zu zwei möglichen Valenzstrichformeln.

Die Polyederskelett-Elektronenpaar-Theorie

Im Fall relativ kleiner Cluster wie etwa B$_5$H$_9$ ist die Anwendung der *(styx)*-Regeln nicht weiter kompliziert, man kann ohne viel Aufwand ein Schema lokalisierter Bindungen entwickeln. Die eindeutige Zuordnung der Strukturen ist jedoch nicht immer möglich. Ein alternativer Ansatz zur Lösung des Problems der Clusterbindung stammt von Wade, Williams und Mingos – die sogenannte *Polyederskelett-Elektronenpaar-Theorie (PSEPT)*, auch als *Wadesche Regeln* bekannt. Sie bestehen aus einem Satz empirischer Vorschriften (siehe unten), mit deren Hilfe sich sowohl eine Struktur bei gegebener chemischer Formel vorhersagen als auch eine experimentell gefundene Struktur erklären läßt.

46 *Chemische Bindung*

Die Wadeschen Regeln beruhen auf der Grundidee, daß in einem geschlossenen deltaedrischen Cluster-Gerüst mit n Ecken genau $(n + 1)$ Elektronenpaare erforderlich sind, um die $(n + 1)$ gerüstbindenden MOs zu besetzen. Zum Verständnis auf MO-Basis sei auf die folgende Seite verwiesen; innerhalb des Textes reicht uns eine empirische Behandlung aus.

Zusammenfassung der Wadeschen Regeln (PSEPT)

1. In einem deltaedrischen *closo*-Cluster mit n Ecken sind $(n + 1)$ Elektronenpaare erforderlich, um $(n + 1)$ gerüstbindende MOs zu besetzen.
2. Das geschlossene Stamm-Deltaeder habe n Ecken. Dann hat der abgeleitete
   - *nido*-Cluster $(n - 1)$ Ecken und $(n + 1)$ Elektronenpaare zur Besetzung von $(n + 1)$ gerüstbindenden MOs,
   - *arachno*-Cluster $(n - 2)$ Ecken und $(n + 1)$ Elektronenpaare zur Besetzung von $(n + 1)$ gerüstbindenden MOs,
   - *hypho*-Cluster $(n - 3)$ Ecken und $(n + 1)$ Elektronenpaare zur Besetzung von $(n + 1)$ gerüstbindenden MOs.

Entsprechend den Wadeschen Regeln teilt man die Cluster nach ihrer Abstammung von einem geschlossenen deltaedrischen Gerüst ein. Einen Cluster mit geschlossener Struktur nennt man *closo*-Cluster; fehlt eine Ecke, handelt es sich um einen *nido*-Cluster; fehlen zwei Ecken, ist es ein *arachno*-Cluster; fehlen schließlich drei Ecken, wird die Struktur als *hypho*-Cluster bezeichnet (Abb. 4.23).

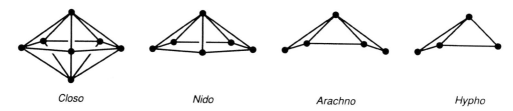

Closo　　　　Nido　　　　Arachno　　　　Hypho

Abb. 4.23 Strukturelle Beziehung zwischen *closo*-, *nido*-, *arachno*- und *hypho*-Cluster am Beispiel eines pentagonal-bipyramidalen Grundgerüsts.

Anwendung der Wadeschen Regeln auf Zintl-Ionen

Das empirische Regelwerk von Wade wollen wir anhand von Beispielen aus der Zintl-Ionen-Chemie illustrieren. Jedes Atom an einer Gerüstecke besitzt ein nichtbindendes Elektronenpaar; die verbleibenden Valenzelektronen stehen für die Clusterbindung zur Verfügung. In den Beispielen 1 und 2 soll aus bekannten Strukturen die Klasse des Clusters abgeleitet werden; Beispiel 3 sagt eine Struktur aus gegebener Formel voraus.

Beispiel 1: $[Sn_5]^{2-}$

Man erkläre, warum $[Sn_5]^{2-}$ eine geschlossene trigonal-bipyramidale Struktur aufweist.
- Sn ist ein Element der Gruppe 14.
- Jedes Sn-Atom besitzt ein nichtbindendes Elektronenpaar und bringt 2 VE in die Gerüstbindung ein.
- Das Molekül ist zweifach negativ geladen; es kommen demnach 2 VE hinzu.

Gesamtzahl der Elektronen $= \{(5 \times 2) + 2\}$
$= 12$ Ve
$= 6$ Paare

also:
- $[Sn_5]^{2-}$ besitzt 6 Elektronenpaare zur Bindung von 5 Cluster-Atomen.
- Die Bedingung für eine *closo*-trigonal-bipyramidale Struktur ist erfüllt.

Molekülorbital-Behandlung für das Cluster-Dianion $[B_6H_6]^{2-}$

Das Dianion $[B_6H_6]^{2-}$ ist ein oktaedrischer Cluster, bestehend aus sechs Bor-atomen; an jedes von ihnen ist ein terminales Wasserstoffatom gebunden. Wie die Kohlenstoffatome im Tetrahedran-Cluster kann man auch die Boratome in $[B_6H_6]^{2-}$ als sp-hybridisiert auffassen. Eins der beiden sp-Hybridorbitale wird zur Ausbildung der B–H-Bindung benötigt, das andere steht für die Gerüstbindung zur Verfügung. Die Grenz-MOs jeder {BH}-Einheit entsprechen denen des {CH}-Fragments in Abb. 4.7, lediglich die Anzahl der VE ist unterschiedlich.

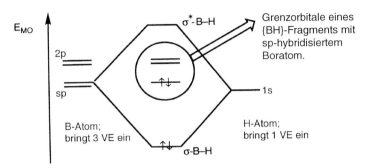

Jede {BH}-Einheit bringt drei Grenzorbitale ein; insgesamt erwartet man für das Gerüst demnach $(6 \times 3) = 18$ MOs. Durch Kombination der Grenz-MOs der sechs {BH}-Fragmente entstehen sieben bindende und elf antibindende Gerüst-orbitale. Dabei wird die Natur der bindenden MOs durch die oktaedrische Symmetrie der Struktur und die verfügbaren Fragment-MOs bestimmt.

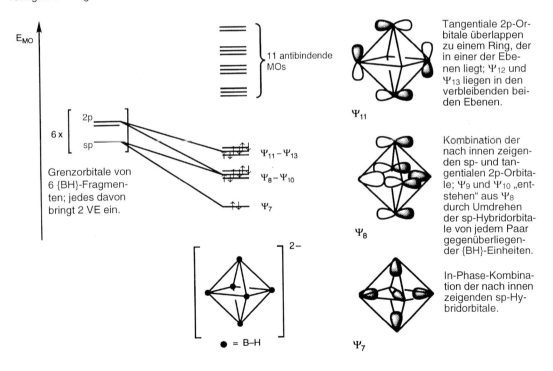

Das Diagramm enthält weder die BH-σ- (Ψ_{1-6}) noch die BH-σ*-Orbitale; diese 12 MOs (je sechs vom σ- bzw. σ*-Charakter) liegen energetisch niedriger bzw. höher als die B_6-gerüstbindenden Orbitale.

Jedes {BH}-Fragment bringt 2 VE in die Clusterbindung ein; um sieben bindende MOs besetzen zu können, muß das Molekül daher zweifach negativ geladen sein.

48 Chemische Bindung

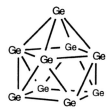

Beispiel 2: $[Ge_9]^{4-}$

Man erkläre, warum $[Ge_9]^{4-}$ in Form eines einfach überdachten quadratischen Antiprismas vorliegt.
- Germanium gehört zur Gruppe 14.
- Jedes Germaniumatom besitzt ein nichtbindendes Elektronenpaar und trägt mit zwei weiteren VE zur Gerüstbindung bei.
- Das Molekül ist vierfach negativ geladen; es kommen 4 VE hinzu.
  Gesamtzahl der Elektronen $= \{(9 \times 2) + 4\}$
  $= 22$ Ve
  $= 11$ Paare

also:
- Die Stammstruktur, von der sich $[Ge_9]^{4-}$ ableitet, hat 10 Ecken und ist ein zweifach überdachtes quadratisches Antiprisma. Durch Entfernung einer Ecke entsteht eine zur Unterbringung der neun Germaniumatome des $[Ge_9]^{4-}$ geeignete Geometrie.
- Es wird ein *nido*-Cluster in Form eines einfach überdachten quadratischen Antiprismas ausgebildet.

Entfernung von Ecken aus einem Deltaeder

Die erste entfernte Ecke ist gewöhnlich die mit der höchsten Bindigkeit (beispielsweise im Fall der pentagonalen Bipyramide in Abb. 4.23); eine Ausnahme bilden die überdachten Polyeder (dreifach überdachtes trigonales Prisma, zweifach überdachtes quadratisches Antiprisma usw.) – hier wird ein Atom an der Spitze eines Daches zuerst entfernt.

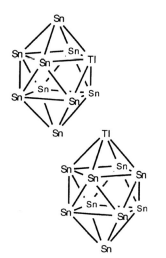

Beispiel 3: $[TlSn_9]^{3-}$

In welcher Struktur könnte $[TlSn_9]^{3-}$ vorliegen?
- Tl gehört zur Gruppe 13, Sn zur Gruppe 14.
- Jedes Tl-Atom besitzt ein nichtbindendes Elektronenpaar und trägt mit einem VE zur Clusterbindung bei.
- Jedes Sn-Atom besitzt ein nichtbindendes Elektronenpaar und trägt mit zwei VE zur Clusterbindung bei.
- Durch die dreifache negative Ladung kommen noch 3 VE hinzu.
  Gesamtzahl der Elektronen $= \{(1 \times 1) + (9 \times 2) + 3\}$
  $= 22$ Ve
  $= 11$ Paare

also:
- $[TlSn_9]^{3-}$ stehen 11 Elektronenpaare zur Bindung von 10 Clusteratomen zur Verfügung.
- Das bedeutet, für n Atome sind $(n + 1)$ Elektronenpaare vorhanden.
- $[TlSn_9]^{3-}$ sollte demnach eine geschlossene Struktur (zweifach überdachtes *closo*-quadratisches Antiprisma) annehmen. In einem solchen Polyeder gibt es jedoch zwei Typen von Gerüstpositionen, nämlich einen vierbindigen (an der Spitze jedes Daches) und einen fünfbindigen (innerhalb des Prismas) Typ. Es können daher zwei Isomere des $[TlSn_9]^{3-}$ entstehen – mit einem fünf- oder einem vierbindigen Thallium! Aus den experimentellen Ergebnissen läßt sich schließen, daß das Tl-Atom die Position an der Spitze eines Daches bevorzugt.

Anwendung der Wadeschen Regeln auf Boran- und Carbaboran-Cluster

Die meisten Strukturen von Boranen und Carbaboranen lassen sich mit Hilfe der Wadeschen Regeln erklären. Neben den {BH}- bzw. {CH}-Fragmenten an den Ecken sind möglicherweise weitere Wasserstoffatome unterzubringen. Jede {BH}-Einheit bringt 2 VE in die Clusterbindung ein, da die anderen beiden VE zur Ausbildung der lokalisierten, terminalen 2-Zentren-2-Elektronen-B–H-Bindungen benötigt werden. Von jeder {CH}-Einheit werden 3 VE zur Verfügung gestellt. Jedes zusätzliche Wasserstoffatom – egal, ob in *terminaler* oder *Brückenposition* – bringt ein weiteres VE mit.

Checkliste zur Vorhersage der Struktur eines Boran-Clusters
1. Wieviele {BH}-Einheiten sind vorhanden?
2. Wieviele zusätzliche H-Atome sind vorhanden?
3. Wieviele VE stehen für die Gerüstbindung im Cluster zur Verfügung?
4. Welches Deltaeder ist die Stammstruktur?
5. Man besetzt in diesem Stammgerüst jede Ecke mit einer {BH}-Einheit, soweit möglich. Bleiben unbesetzte Ecken übrig? Welcher Klasse läßt sich der Cluster zuordnen?
6. Zusätzliche H-Atome plaziert man als Brücken über offene Clusterflächen oder terminal, wenn es Boratome mit besonders niedriger Bindigkeit gibt. Allgemein wird dabei die Symmetrie der Struktur so hoch wie möglich gehalten.

Im Anschluß wollen wir einige Beispiele für die Strukturerklärung und -vorhersage bei Boranen und Carboranen durchgehen.

Beispiel 1: $[B_{12}H_{12}]^{2-}$

Warum liegt $[B_{12}H_{12}]^{2-}$ als Ikosaeder vor?
- Es gibt 12 {BH}-Fragmente und keine zusätzlichen H-Atome.
- Jede {BH}-Einheit bringt 2 VE in die Clusterbindung ein.
- 2 weitere VE stammen aus der zweifach negativen Ladung.
  Gesamtzahl der Elektronen = {(12 × 2) + 2}
  = 26 Ve
  = 13 Paare

also:
- $[B_{12}H_{12}]^{2-}$ besitzt 13 VE-Paare zur Bindung von 12 {BH}-Fragmenten.
- So stehen für n Atome $(n + 1)$ Elektronenpaare zur Verfügung.
- $[B_{12}H_{12}]^{2-}$ ist ein *closo*-Cluster; das Gerüst-Deltaeder hat 12 Ecken, ist also ein Ikosaeder.

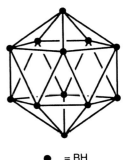

● = BH

Beispiel 2: B_5H_9

Man erkläre, wieso sich die Struktur von B_5H_9 von einer quadratischen Pyramide ableitet. Welche Anordnung der H-Atome wird vorhergesagt?
- Es sind 5 {BH}-Fragmente und 4 zusätzliche H-Atome vorhanden.
- Jede {BH}-Einheit bringt 2 VE in die Clusterbindung ein.
- Jedes zusätzliche H-Atom bringt 1 weiteres VE mit.
  Gesamtzahl der Elektronen = {(5 × 2) + (4 × 1)}
  = 14 Ve
  = 7 Paare

also:
- B_5H_9 besitzt 7 VE-Paare zur Bindung von 5 {BH}-Fragmenten. Das heißt, das Stamm-Deltaeder hat 6 Ecken, ist also ein Oktaeder.
- Verteilt man die 5 B-Atome auf diese Ecken, bleibt eine unbesetzt; es entsteht eine quadratische Pyramide.

● = BH

Die 4 zusätzlichen Wasserstoffatome werden in B–H–B-Brücken über der offenen Seite der Pyramide angeordnet.

Warum besetzen die Brücken-Wasserstoffatome Positionen über den offenen Seiten des Clusters?

Offene Clusterseiten entstehen durch Entfernung einer oder mehrerer Ecken aus einem Deltaeder. Betrachtet man diese Situation im MO-Bild, so ist zu erkennen, daß der Verlust einer Ecke dazu führt, daß über der nun offenen Seite eine erhöhte Elektronendichte herrscht. Protonen treten daher bevorzugt mit dieser Seite in Wechselwirkung:

besetztes Cluster-MO; abgeleitet von $[B_6H_6]^{2-}$

H 1s AO

So kommen B–H–B-Brücken über der offenen Seite zustande.

Beispiel 3: $[B_6H_9]^-$

Welche Struktur läßt sich für $[B_6H_9]^-$ vorhersagen?
- Es sind 6 {BH}-Einheiten und 3 zusätzliche Wasserstoffatome vorhanden.
- Jede {BH}-Einheit bringt 2 VE in die Clusterbindung ein.
- Jedes zusätzliche H-Atom bringt 1 VE ein.
- Ein zusätzliches VE resultiert aus der negativen Ladung.
  Gesamtzahl der Elektronen = {(6 × 2) + (3 × 1) + 1}
  = 16 Ve
  = 8 Paare

also:
- In $[B_6H_9]^-$ stehen 8 Elektronenpaare für die Bindung von 6 {BH}-Einheiten zur Verfügung.
  Dies führt zu einem Stamm-Deltaeder mit 7 Ecken, einer pentagonalen Bipyramide.
- Die 6 Boratome besetzen nur 6 dieser Ecken, eine bleibt unbesetzt; es entsteht eine pentagonale Pyramide.

  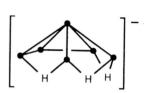

Die drei zusätzlichen H-Atome werden nun in B–H–B-Brücken über drei der fünf Kanten der offenen Grundseite plaziert. Das B_6-Grundgerüst besitzt eine fünfzählige Symmetrie- (Rotations-) Achse – durch die drei B–H–B-Brücken wird die Symmetrie der Struktur erniedrigt. In Lösung ist es aus diesem Grunde wahrscheinlich, daß die H-Atome nicht an bestimmten Kanten fixiert sind; das Anion ist ein sogenanntes „fluktuierendes Molekül". So wird die fünfzählige Molekülsymmetrie erhalten, die man innerhalb der Zeitskala der NMR-Spektroskopie auch nachweisen kann.

Die Richtlinien zur Vorhersage von Borancluster-Strukturen kann man auf Carbaborane übertragen, wenn man folgende Punkte beachtet:

1. Kohlenstoffatome sind bestrebt, im Cluster möglichst weit voneinander entfernte Positionen einzunehmen; daher wird stets die maximale Zahl von B–C-Bindungen gebildet.
2. B–H–B-Brücken sind gegenüber C–H–B- oder C–H–C-Wechselwirkungen bevorzugt. Es gibt bisher nur wenige Fälle, in denen C–H–B-Bindungen nachgewiesen wurden, und keinen einzigen Nachweis einer C–H–C-Brücke in Carbaboran-Clustern.

Beispiel 4: $C_2B_4H_6$

Man sage die Struktur von $C_2B_4H_6$ voraus.
- Es sind 4 {BH}- und 2 {CH}-Einheiten vorhanden.
- Jede {BH}-Einheit bringt 2 VE in die Clusterbindung ein.
- Jede {CH}-Einheit bringt 3 VE ein.
  Gesamtzahl der Elektronen = $\{(4 \times 2) + (2 \times 3)\}$
  = 14 Ve
  = 7 Paare

also:
- In $C_2B_4H_6$ stehen 7 Elektronenpaare zur Bindung von 6 Gerüstbausteinen zur Verfügung.
  Dies führt uns zu einem Stamm-Deltaeder mit 6 Ecken, also einem Oktaeder; $C_2B_4H_6$ ist demnach ein *closo*-Cluster.
  Es gibt zwei mögliche Isomere, nämlich 1,2-$C_2B_4H_6$ und 1,6-$C_2B_4H_6$.

1,2-Isomer

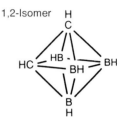

1,6-Isomer

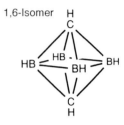

Das Isolobal-Prinzip

Ein Borancluster läßt sich in ein Carbaboran überführen, indem einfach {BH}-Einheiten gegen {CH}-Fragmente ausgetauscht werden. Dies ist möglich, da beide Fragmente dieselben Grenzorbital-Eigenschaften aufweisen: Beide Sätze von MOs haben gleich Symmetrie, besitzen ähnliche Energien und enthalten dieselbe Anzahl von VE, die für die Clusterbindung verwendet werden können. Man sagt auch: {BH}- und {CH}-Fragment sind *isolobal*. Dieses Prinzip läßt sich beliebig auf andere Atome und Molekülfragmente mit ähnlichen Grenzorbitalen ausweiten. So entstehen Serien isolobaler p-Block-Fragmente, wie etwa:

$\{BH^-\} \equiv \{BR-\} \equiv \{CH\} \equiv \{CR\} \equiv \{NR^+\}$;	R ist ein Ein-Elektronen-Donor (Alkyl- oder Arylrest, Halogenatom)
$\{BR\} \equiv \{AlR\} \equiv \{GaR\} \equiv \{GeR^+\} \equiv \{SR^{3+}\}$;	R ist ein Ein-Elektronen-Donor (Alkyl- oder Arylrest, Halogenatom)
$\{BH\} \equiv \{Tl^-\} \equiv \{Sn\} \equiv \{Pb\} \equiv \{N^+\} \equiv \{S^{2+}\}$;	jedes „nacktes" Atom besitzt ein nichtbindendes *exo*-Elektronenpaar

Das Isolobal-Prinzip ist nicht auf Elemente des p-Blocks beschränkt. Es gibt einige Übergangsmetall-Fragmente, die mit {BH} isolobal sind – eins davon ist die konische (C_{3v}-symmetrische) $\{M(CO)_3\}$-Einheit (M ist ein Element der Gruppe 8 – Fe, Ru oder Os). In Abb. 4.24 sind die Grenz-MOs des $\{M(CO)_3\}$-Fragments dargestellt; dieses Diagramm läßt sich auf weitere Einheiten in C_{3v}-Symmetrie wie $\{M'(CO)_3^+\}$ (M' = Co, Rh, Ir) oder $\{M''(CO)_3^-\}$ (M'' = Mn, Re) übertragen.

Durch die Ähnlichkeit der Orbitaleigenschaften der Fragmente kann {BH} in Boran-Clustern durch ein C_{3v}-symmetrisches $\{M(CO)_3\}$-Fragment (M = Element der Gruppe 8) ersetzt werden. So entsteht eine Serie von Metallaboran-Clustern. Wendet man die Wadeschen Regeln auf ein solches, eine $\{M(CO)_3\}$-Einheit enthaltendes Molekül an, werden dem $\{M(CO)_3\}$ zwei VE zugeordnet. Wenn man ausgehend von Gruppe 8 im Periodensystem nach rechts oder links geht, nimmt die Anzahl der von einem Übergangsmetall-Tricarbonyl-Fragment eingebrachten VE entsprechend ab bzw. zu. Nun erhält das Metall-

Anzahl und Symmetrie der Grenz-MOs werden durch die Orientierung der am Metall koordinierten Liganden beeinflußt. Ein Fragment $\{M(CO)_3\}$ ist genau dann isolobal mit {BH}, wenn die drei Carbonyl-Liganden eine Art Trichter bilden (so daß das Fragment die Symmetrie C_{3v} besitzt).

atom von verschiedenen *exo*-Liganden unterschiedliche Zahlen von VE über dative Bindungen; man kann die Anzahl der VE, die ein Metalla-Fragment in ein Metallaboran einbringt, daher durch Veränderung der Natur der Liganden am Metall beeinflussen (siehe Gl. 4.3).

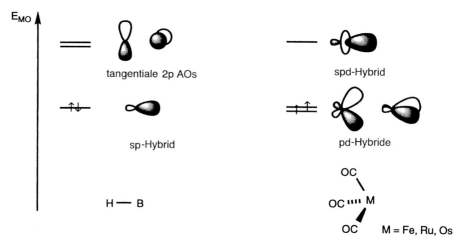

Abb. 4.24 Vergleich der drei Grenz-MOs der Fragmente {BH} und {M(CO)$_3$} (C_{3v}-Symmetrie). Man bezeichnet die Einheiten als isolobal, da Anzahl, Symmetrie und ungefähre Energie der Orbitale übereinstimmen; jeder Satz von MOs enthält dieselbe Anzahl an VE. Die energetische *Ordnung* der MOs beeinflußt die Bindungseigenschaften des Fragments nicht!

x sei die Anzahl der Valenzelektronen, die ein gegebenes Übergangsmetall-Fragment in die Clusterbindung einbringt. Dann gilt

$$x = v + n - 12 \qquad \text{Gl. 4.3}$$

mit v als Anzahl der VE des Metallatoms und n als der Anzahl der VE, die durch die Liganden am Metallzentrum über dative Bindungen zur Verfügung gestellt werden.

CO ist ein Einelektronen-Donorligand.

PR$_3$ ist ein Zweielektronen-Donorligand.

Ein Ring η^n-C$_n$H$_n$ ist ein ($n\,\pi$)-Elektronen-Donorligand.

NO kann als Ein- oder Dreielektronen-Donorligand fungieren.

Wendet man Gl. 4.3 an, läßt sich folgendes zeigen: Das Fragment {Os(CO)$_3$} bringt 2 VE mit (wegen $x = 8 + 6 - 12$), dagegen stellt {Co(PPh$_3$)$_2$} 1 VE zur Verfügung (wegen $x = 9 + 4 - 12$), {Ni(η^5-C$_5$H$_5$)} 3 VE ($x = 10 + 5 - 12$) und {Rh(PPh$_3$)(CO)$_2$} ebenfalls 3 VE ($x = 9 + 6 - 12$).

Isolobalprinzip und Wadesche Regeln legen den Schluß nahe, daß man in einem Boran-Cluster die {BH}-Fragmente systematisch durch, sagen wir, {Ru(CO)$_3$}-Einheiten ersetzten könnte. So kann man – ausgehend etwa von B$_5$H$_9$ – eine ganze Serie von Metallaboranen postulieren, darunter Verbindungen wie B$_4$H$_8$Ru(CO)$_3$, B$_3$H$_7$Ru$_2$(CO)$_6$ und B$_2$H$_6$Ru$_3$(CO)$_9$. Literaturangaben zu solchen Metallaboranen finden Sie am Ende dieses Bandes.

5 Synthesewege

5.1 Borane und Hydroborat-Anionen

Ausgangsstoffe

Synthesen von Boranen und ihren anionischen Derivaten gehen zumeist von Diboran(6) und dem Octahydrotriborat(1–)-Anion aus. B_2H_6 liegt unter Normalbedingungen gasförmig vor (Siedepunkt: –92.5 °C). Es läßt sich entsprechend Gl. 5.1 herstellen; die Ausgangsstoffe sind kommerziell erhältlich. Gl. 5.2 gibt eine geeignete *in situ*-Synthese an. Addukte L·BH_3 (zum Beispiel THF·BH_3, Abb. 5.1) kann man herstellen oder kaufen.

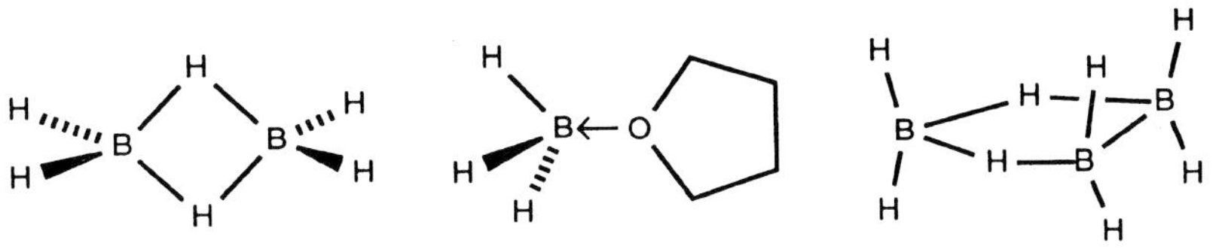

Abb. 5.1 Strukturen von B_2H_6, THF·BH_3 und $[B_3H_8]^-$.

$$2\,Na[BH_4] + I_2 \xrightarrow[25°C]{diglyme} B_2H_6 + 2\,NaI + H_2 \qquad \text{Gl. 5.1}$$

$$3\,Na[BH_4] + 4\,Et_2O·BF_3 \xrightarrow[25°C]{diglyme} 2\,B_2H_6 + 3\,Na[BF_4] + 4\,Et_2O \qquad \text{Gl. 5.2}$$

$$3\,Na[BH_4] + I_2 \xrightarrow[100°C]{diglyme} 2\,NaI + 2\,H_2 + Na[B_3H_8] \qquad \text{Gl. 5.3}$$

$$5\,Na[BH_4] + 4\,Et_2O·BF_3 \xrightarrow[100°C]{diglyme} 3\,Na[BF_4] + 2\,Na[B_3H_8] + 2\,H_2 + 4\,Et_2O \qquad \text{Gl. 5.4}$$

In Abb. 5.1 sehen Sie die Struktur des Octahydrotriborat(1–)-Anions, Synthesemöglichkeiten zeigen die Gln. 5.3 und 5.4. Die Alkalimetall- und Tetraalkyl-Ammonium-Salze von $[B_3H_8]^-$ sind weiße, kristalline Feststoffe.

In Lösung sind – selbst bei niedriger Temperatur – alle acht Wasserstoff-Atome (und alle drei Bor-Atome) äquivalent; das $[B_3H_8]^-$-Ion fluktuiert innerhalb der Zeitskala der NMR-Spektroskopie. Im ^{11}B- bzw. ^{1}H-Spektrum sieht man ein binomisches Nonett bzw. ein nichtbinomisches 10-Linien-Multiplett.

Multiplizität M eines NMR-Signals = $(2nI +1)$
I = Kernspin
n = Anzahl äquivalenter Kerne, die mit dem beobachteten Kern koppeln.
Für ^{11}B ist $I = 3/2$,
für ^{1}H ist $I = 1/2$.
Für $[B_3H_8]^-$ ist die Multiplizität
- eines ^{1}H-Signals:
  $M = 2(3)(3/2) + 1 = 10$
- eines ^{11}B-Signals:
  $M = 2(8)(1/2) + 1 = 9$.

$[B_nH_n]^{2-}$-Dianionen

Die Gln. 5.5 und 5.6 geben zwei allgemeine Synthesewege an, die zu *closo*-$[B_nH_n]^{2-}$-Dianionen führen. Es handelt sich im ersten Fall um die Thermolyse eines neutralen Borans in Gegenwart eines Adduktes L·BH_3 (L kann ein Amin oder Hydrid-Ion sein). Die zweite Möglichkeit beinhaltet zunächst die Wechselwirkung einer Lewis-Base mit dem Boran unter Verdrängung von molekularem Wasserstoff; durch Protonentransfer vom Boran auf die Lewis-Base entsteht schließlich der *closo*-Cluster.

54 *Synthesewege*

$$2\ Et_3N \cdot BH_3 + B_{10}H_{14} \xrightarrow{90°C} [Et_3NH]_2[B_{12}H_{12}] + 3\ H_2 \qquad \text{Gl. 5.5}$$

$$2\ Et_3N + B_{10}H_{14} \xrightarrow[-H_2]{} \{B_{10}H_{12}(NEt_3)_2\} \longrightarrow [Et_3NH]_2[B_{10}H_{10}] \qquad \text{Gl. 5.6}$$

Synthesemöglichkeiten für spezielle *closo*-$[B_nH_n]^{2-}$-Dianionen sind in den Gln. 5.7 und 5.8 angegeben. Die Verbindungen $[B_7H_7]^{2-}$ bzw. $[B_8H_8]^{2-}$ stellt man durch Abbau von $[B_9H_9]^{2-}$ unter Luftzufuhr her; $[B_9H_9]^{2-}$ erhält man (im Gemisch mit $[B_{10}H_{10}]^{2-}$ und $[B_{12}H_{12}]^{2-}$) durch Thermolyse von $Cs[B_3H_8]$ bei 230 °C.

$$2\ Na[B_3H_8] \xrightarrow[\text{diglyme}]{160°C} Na_2[B_6H_6] + 5\ H_2 \qquad \text{Gl. 5.7}$$

$$2\ Cs_2[B_{11}H_{13}] \xrightarrow[-H_2]{250°C} 2\ Cs_2[B_{11}H_{11}] \xrightarrow{600°C} Cs_2[B_{10}H_{10}] + Cs_2[B_{12}H_{12}] \qquad \text{Gl. 5.8}$$

Einfache *nido*- und *arachno*-Borane

In einem *Temperaturschock-Reaktor* schafft man eine Grenzfläche zwischen zwei Gebieten extremer Temperatur. Dazu umgibt man ein Gefäß mit elektrisch erhitztem Öl (Temperatur T_1) mit einem Kältebad (Temperatur T_2). In einer Ampulle wird die Probe B_2H_6 vom heißen ins kalte Gefäß befördert; an der Grenze tritt die Zersetzung ein. Auf der kalten Seite entnimmt man das Produkt, dessen Zusammensetzung durch T_1 und T_2 beeinflußt wird.

Einige *nido*- und *arachno*-Borane werden mittels Gasphasen-Pyrolyse von Diboran(6) in einem speziellen Temperaturschock-Reaktor mit einem Temperaturabfall T_1–T_2 hergestellt. Bei $T_1 = 120$ °C und $T_2 = -78$ °C bzw. -30 °C erhält man B_4H_{10} bzw. B_5H_{11}. B_5H_9 bildet sich bei $T_1 = 180$ °C und $T_2 = -78$ °C. Durch Erhitzen von B_2H_6 unter statischen Bedingungen bei 180 bis 220 °C entsteht $B_{10}H_{14}$.

Geeignetere Ausgangsstoffe als Diboran(6) sind die Salze des Octahydrotriborat(1–)-Anions. Protonierung von $[B_3H_8]^-$ ergibt nicht B_3H_9 (dieses ist nicht stabil), sondern B_4H_{10} (Gl. 5.9) oder B_5H_{11}. Durch Abspaltung von H^- aus $[B_3H_8]^-$ infolge des Angriffs einer Lewis-Base bildet sich zunächst das instabile $\{B_3H_7\}$, welches spontan unter Addition eines $\{BH_3\}$-Fragments zum B_4H_{10} weiterreagiert. Entsprechende Synthesewege finden Sie in den Gln. 5.10 und 5.11.

$$4\ Na[B_3H_8] + 4\ HCl \longrightarrow 3\ B_4H_{10} + 3\ H_2 + 4\ NaCl \qquad \text{Gl. 5.9}$$

$$[B_4H_9]^- + BCl_3 \xrightarrow{-35°C} B_5H_{11} + [HBCl_3]^- + \text{polymere Produkte} \qquad \text{Gl. 5.10}$$

$$[B_9H_{14}]^- + BCl_3 \xrightarrow{25°C} B_{10}H_{14} + H_2 + [HBCl_3]^- + \text{polymere Produkte} \qquad \text{Gl. 5.11}$$

KH (Gl. 5.13) und NaH wirken deprotonierend; sie entziehen einem Boran-Cluster bevorzugt die Brücken-H-, nicht die terminalen H-Atome (siehe Abb. 6.4).

Der Aufbau von Clustern über ihre halogenierten Derivate soll am Beispiel der beiden *nido*-Cluster B_5H_9 und B_6H_{10} (Gln. 5.12 und 5.13) demonstriert werden. Durch Reaktion von Diboran(6) (als $\{BH_3\}$-Quelle) mit $[B_4H_9]^-$ bzw. $[B_5H_8]^-$ gelangt man zu den entsprechenden *arachno*-Boranen B_5H_{11} und B_6H_{10} (Gln. 5.14 und 5.15). Beachten Sie dabei: Man geht einmal von einem *nido*-, einmal von einem *arachno*-Clusteranion aus, erhält aber in beiden Fällen ein *arachno*-Produkt, da im Anschluß an die Protonierung der anionischen Zwischenstufe $[B_5H_{12}]^-$ in Gl. 5.14 ein Wasserstoffmolekül abgespalten wird.

$$5\ [B_3H_8]^- + 5\ HBr \xrightarrow[-H_2]{} 5\ [B_3H_7Br]^- \xrightarrow{100°C} 3\ B_5H_9 + 4\ H_2 + 5\ Br^- \qquad \text{Gl. 5.12}$$

$$B_5H_9 + Br_2 \xrightarrow[-HBr]{25°C} 1\text{-}BrB_5H_8 \xrightarrow[-H_2]{KH\ -78°C} K[1\text{-}BrB_5H_7] \xrightarrow{B_2H_6\ -78°C} B_6H_{10} + KBr \qquad \text{Gl. 5.13}$$

Zweckmäßig ist die Synthese von *arachno*-B_5H_{11} durch Reduktion des verwandten *nido*-Clusters B_5H_9 (Gl. 5.16). Durch Addition zweier Elektronen zu *nido*-B_5H_9 wird das B_5-Gerüst aufgebrochen (Abschnitt 4.6); anschließende Protonierung liefert den neutralen *arachno*-Cluster, in dem die B_5-Struktur der anionischen Zwischenstufe erhalten geblieben ist.

$$2\,[B_4H_9]^- + B_2H_6 \xrightarrow{-35°C} 2\,[B_5H_{12}]^- \xrightarrow{2\,HCl\;\;-110°C} 2\,B_5H_{11} + 2\,H_2 \quad \text{Gl. 5.14}$$

$$2\,[B_5H_8]^- + B_2H_6 \xrightarrow{-78°C} 2\,[B_6H_{11}]^- \xrightarrow{2\,HCl\;\;-110°C} 2\,B_6H_{12} \quad \text{Gl. 5.15}$$

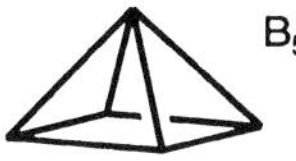

$$B_5H_9 \xrightarrow[M = K,\,Na]{M[C_{10}H_8]} [B_5H_9]^{2-} \xrightarrow{2\,H^+} B_5H_{11} \quad \text{Gl. 5.16}$$

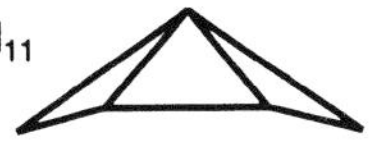

Eine Möglichkeit, die Synthese ausgedehnter Boran-Cluster anzugehen, ist die oxidative Verschmelzung zweier kleinerer Gerüste. Viele Übergangsmetallverbindungen wie Eisen(III)- oder Ruthenium(III)-Komplexe begünstigen diese Reaktionen; sie werden dabei zu Fe(II)- bzw. Ru(II)-Spezies reduziert. Dabei kann die Wahl des Oxidationsmittels das Produktspektrum bestimmen, wie man am Beispiel der oxidativen Verschmelzung zweier $[B_5H_8]^-$-Anionen (Gln. 5.17 und 5.18) sehen kann. Aufschlüsse über den Mechanismus derartiger Reaktionen erhält man durch Verwendung deuteriummarkierter Ausgangsstoffe wie $[1\text{-}DB_5H_7]^-$ (Abb. 5.2).

Der Begriff *Verschmelzung* wird hier in dem Sinne verwendet, daß zwei Boran-Cluster miteinander zu einem *einzigen* neuen Cluster reagieren. *Verknüpfung* dagegen soll bedeuten, daß das Produkt der Reaktion zweier Boran-Cluster eine Struktur ist, in der die Gerüste der Ausgangsstoffe erhalten bleiben und über eine gemeinsame Ecke, eine *exo*-B–B-Bindung oder eine B–B-Kante verbunden sind.

$$4\,[B_5H_8]^- \xrightarrow{RuCl_3\;\;THF} B_{10}H_{14} + 2\,B_5H_9 \quad \text{Gl. 5.17}$$

$$4\,[B_5H_8]^- \xrightarrow{FeCl_3\;\;THF} B_{10}H_{14} + 2{,}2'\text{-}\{B_5H_8\}_2 + H_2 \quad \text{Gl. 5.18}$$

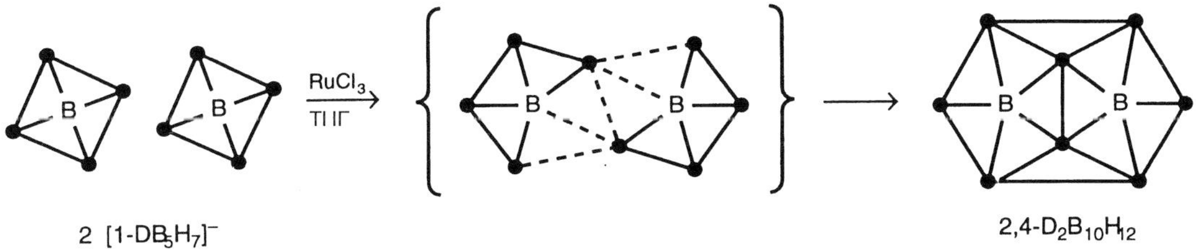

Abb. 5.2 Stereospezifische oxidative Verschmelzung zweier $[1\text{-}DB_5H_7]^-$-Cluster mit Hilfe eines Metallhalogenid-Promotors; das Produkt ist $2{,}4\text{-}D_2B_{10}H_{12}$. Die deuteriummarkierten Positionen sind mit „B" gekennzeichnet. Der Anschaulichkeit halber wurden die Clusterstrukturen in die Ebene projiziert und nur das B_n-Gerüst eingezeichnet.

Verknüpfte Boran-Cluster

Im Unterschied zur eben dargelegten Verschmelzung zweier Boran-Cluster kann man durch Photolyse (Gln. 5.19 und 5.20) bzw. Pt(II)-Katalyse (Gln. 5.19 bis 5.23) verknüpfte Spezies erhalten; Beispiele sind $\{B_5H_8\}_2$ oder $\{B_5H_8\}\{B_2H_5\}$. Beachten Sie, daß die photochemische Synthese im Gegensatz zur katalytischen Reaktion völlig unspezifisch verläuft.

Zur Numerierung der Atome in B_5- und B_{10}-Clustern siehe Abb. 3.2 und 3.4.

$$2\,B_5H_9 \xrightarrow{h\nu} 1{,}1'\text{-},\;1{,}2'\text{-},\;\text{und}\;2{,}2'\text{-}\{B_5H_8\}_2 + H_2 \quad \text{Gl. 5.19}$$

$$2\,B_{10}H_{14} \xrightarrow{h\nu} 1{,}2'\text{-}\;\text{und}\;2{,}2'\text{-}\{B_{10}H_{13}\}_2 + H_2 \quad \text{Gl. 5.20}$$

$$2\,B_4H_{10} \xrightarrow{PtBr_2} 1,1'\text{-}\{B_4H_9\}_2 + H_2 \qquad \text{Gl. 5.21}$$

$$2\,B_5H_9 \xrightarrow{PtBr_2} 1,2'\text{-}\{B_5H_8\}_2 + H_2 \qquad \text{Gl. 5.22}$$

$$B_5H_9 + B_2H_6 \xrightarrow{PtBr_2} \{B_5H_8\}\{B_2H_5\} + H_2 \qquad \text{Gl. 5.23}$$

5.2 Carbaboran-Cluster

Es gibt eine Vielzahl von Carbaboran-Clustern; entsprechend vielfältig sind auch die Möglichkeiten, solche Verbindungen zu synthetisieren. Um den Rahmen dieses Buches nicht zu sprengen, wollen wir eine Auswahl treffen: Die im folgenden diskutierten Beispiele sind entweder von allgemeiner Bedeutung oder als spezielle Synthesestrategie für Clusterverbindungen von Interesse.

Einer der allgemein wichtigen Wege – insbesondere zur Herstellung kleiner Carbaborane – ist die Pyrolyse eines Borans in Gegenwart eines Alkins. Dies führt zur Eliminierung von gasförmigem Diwasserstoff, B_n- und C_2-Fragmente werden verknüpft. Gl. 5.24 zeigt, wie sich ein typisches Produktgemisch zusammensetzt. Zwar sind die Kohlenstoffatome im Alkin durch eine Dreifachbindung verbunden – in den (bei hohen Temperaturen) thermodynamisch bevorzugten Produkt-Isomeren befinden sich die C-Atome jedoch weit voneinander entfernt an den gegenüberliegenden Spitzen. Für $C_2B_4H_6$ zum Beispiel ist 1,2-$C_2B_4H_6$ das kinetisch günstigste, 1,6-$C_2B_4H_6$ dagegen das thermodynamisch günstigste Produkt. Darin drücken sich die beiden folgenden Trends aus: Erstens wird möglichst die Maximalzahl von B–C-Bindungen ausgebildet, zweitens besetzen die C-Atome bevorzugt Gerüstpositionen *niedriger Koordinationszahl*. Demnach ist 2,4-$C_2B_4H_7$ (Gl. 5.24) günstiger verglichen mit sowohl 1,7-$C_2B_4H_7$ (hier sind die beiden C-Atome zwar nicht direkt verbunden, besetzen aber Positionen relativ hoher Koordinationszahl) als auch 2,3-$C_2B_4H_7$ (hier befinden sich die C-Atome zwar auf Positionen niedriger Bindigkeit, aber in unmittelbarer gegenseitiger Nachbarschaft). Bei hohen Temperaturen bilden sich bevorzugt *closo*-Carbaboran-Cluster (Gl. 5.24), während bei niedrigeren Temperaturen *nido*-Carbaborane erhalten werden können (so in der Pyrolyse von Pentaboran(9) mit Acetylen bei 200 °C - es entsteht *nido*-2,3-$C_2B_4H_8$).

> Die Kohlenstoffatome in Carbaboranen bevorzugen Positionen, 1. auf denen sie möglichst weit voneinander entfernt liegen und 2. die eine möglichst niedrige Koordinationszahl besitzen.

$$B_5H_9 \xrightarrow[-H_2]{\substack{C_2H_2 \\ 500\text{–}600°C}} 1,5\text{-}C_2B_3H_5 \;+\; 1,6\text{-}C_2B_4H_6 \;+\; 2,4\text{-}C_2B_5H_7 \qquad \text{Gl. 5.24}$$

In Gl. 5.25 sehen Sie einen allgemeinen Syntheseweg, der zu 1,2-$C_2B_{10}H_{12}$ führt. Beim Erhitzen auf 470 °C isomerisiert 1,2-$C_2B_{10}H_{12}$ zu 1,7-$C_2B_{10}H_{12}$, bei 700 °C erhält man das 1,12-Isomere.

> Nach der alten (und häufig noch verwendeten) Nomenklatur werden 1,2-, 1,7- bzw. 1,12-$C_2B_{10}N_{12}$ als *o*-, *m*- bzw. *p*-Isomer bezeichnet.

$$B_{10}H_{14} + 2\,L \xrightarrow{-H_2} B_{10}H_{12}L_2 \xrightarrow{HC\equiv CH} 1,2\text{-}C_2B_{10}H_{12} + 2\,L + H_2$$

$$L = MeCN,\; R_3N,\; R_2S \quad R = Alkyl$$

Gl. 5.25

Durch Behandlung von *closo*-1,2-C$_2$B$_{10}$H$_{12}$ mit heißer wäßriger Natriumhydroxid-Lösung wird eine Bor-Ecke aus dem Cluster abgespalten und so das Monoanion [*nido*-7,8-C$_2$B$_9$H$_{12}$]$^-$ gebildet. Das entsprechende Dianion kann man nach Reaktion des Natriumsalzes von [*nido*-7,8-C$_2$B$_9$H$_{12}$]$^-$ mit NaH in THF isolieren. Ausgehend von [*nido*-7,8-C$_2$B$_9$H$_{12}$]$^{2-}$ (Abb. 5.3) lassen sich auf besonders einfachem Wege Hetero-Carbaborane sowie Bor-funktionalisierte Spezies *closo*-1,2-C$_2$-3-R-B$_{10}$H$_{11}$ gewinnen. Ein Beispiel für den letzteren Fall ist die Reaktion von Na$_2$[7,8-C$_2$B$_9$H$_{11}$] mit PhBCl$_2$ unter Bildung von 1,2-C$_2$-3-Ph-3-B$_{10}$H$_{11}$. Der *nido*-Cluster [7,8-C$_2$B$_9$H$_{11}$]$^{2-}$ weist eine fünfeckige offene Seitenfläche auf, der man sowohl im Aussehen als auch in der Reaktivität (z. B. Bindung an Übergangsmetalle) Ähnlichkeiten mit einem Cyclopentadienyl-Liganden (η^5-Cp) bescheinigen kann (siehe auch Abschnitt 6.2).

Abb. 5.3 [*nido*-7,8-C$_2$B$_9$H$_{11}$]$^{2-}$; bei der Numerierung der Atome beginnt man an der Spitze, die der offenen Seite gegenüberliegt. Beachten Sie, daß die geschlossene Ikosaeder-Struktur anders numeriert wird (Abb. 3.6)!

Eine weitere Möglichkeit, Monocarbaborane herzustellen, geht von Cyano-Derivaten bestimmter Borane aus. Protonierung von *arachno*-[B$_{10}$H$_{13}$(CN)]$^{2-}$ (mit terminal gebundener Cyanogruppe) führt beispielsweise zu einer Mischung aus *nido*-C(NH$_3$)B$_{10}$H$_{12}$ und *nido*-C(NH$_3$)B$_9$H$_{11}$ (Abb. 5.4). Bei 70 °C reagiert *nido*-C(NH$_3$)B$_9$H$_{11}$ mit Piperidin; unter Abspaltung von NH$_3$ wird [pipH](*closo*-1-CB$_9$H$_{10}$) gebildet. Eine weitere Möglichkeit ist die Reduktion von *nido*-C(NH$_3$)B$_9$H$_{11}$ mit Natrium in flüssigem Ammoniak – nach der Hydrolyse entsteht *nido*-[CB$_9$H$_{12}$]$^-$, dessen Struktur man vom *nido*-Ausgangsstoff ableiten kann (Abb. 5.4). *nido*-[CB$_9$H$_{12}$]$^-$ ist ein wichtiger Ausgangsstoff der Monocarbaboran-Chemie.

Piperidin (pip)

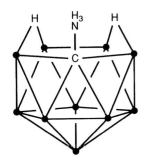

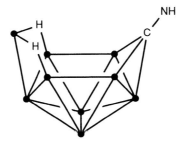

Abb. 5.4 *nido*-C(NH$_3$)B$_{10}$H$_{12}$ und *nido*-C(NH$_3$)B$_9$H$_{11}$.

Analog zu den in den Gln. 5.21 bis 5.23 angegebenen, durch Platin(II)-bromid katalysierten Prozessen lassen sich auch kleine Carbaborane miteinander verknüpfen. Diese Reaktionen neigen zur Spezifität. So entsteht aus zwei Bausteinen 1,6-C$_2$B$_4$H$_6$ bevorzugt das 2,2'-{1,6-C$_2$B$_4$H$_5$} unter Abspaltung von H$_2$; PtBr$_2$-katalysierte Kopplung zweier Moleküle 1,5-C$_2$B$_3$H$_5$ liefert spezifisch das 2,2'-{1,5-C$_2$B$_3$H$_4$}. Dabei werden die Einheiten jeweils über eine *exo*-B–B-Bindung verbunden.

5.3 Heteroborane mit p-Block-Elementen

In diesem Abschnitt soll auf spezielle Verfahren eingegangen werden, die einen Einbau von p-Block-Elementen (Gruppen 13 bis 16) – mit Ausnahme von Kohlenstoff – in Boran-Cluster ermöglichen. Die Beispiele wurden so gewählt, daß sich die Anwendung allgemeiner Strategien gut erkennen läßt.

Aluminium, Gallium und Indium

Durch Reaktion von Diboran(6) mit Al(BH$_4$)$_3$ (Abb. 5.5) oder AlMe$_3$ entsteht ein Analogon des B$_5$H$_{11}$ (Gln. 5.26 und 5.27); das Aluminiumatom nimmt eine Position an einer Spitze (Typ 1) der *arachno*-Struktur ein. Insertion eines

Abb. 5.5 Struktur von Al(BH$_4$)$_3$.

{AlH$_3$}-Fragments in Pentaboran(9) liefert eine dem B$_6$H$_{12}$ analoge Verbindung (Gl. 5.28). Gln. 5.29 bis 5.31 zeigen Synthesewege, die zu Analoga von *arachno*-B$_4$H$_{10}$ führen, bei denen das Heteroatom an einer „Flügelspitze" (Typ 2; vergl. Abb. 3.8) positioniert ist. Aus Me$_2$MCl (M = Al, Ga) kann man {Me$_2$M}$^+$ gewinnen, das unter Bildung von *arachno*-2,2-Me$_2$-2-MB$_3$H$_8$ an [B$_3$H$_8$]$^-$ addiert wird.

$$B_2H_6 + 2\,Al(BH_4)_3 \xrightarrow{\text{Benzol, 100°C}} 2\,\textit{arachno-}1\text{-}AlB_4H_{11} + 4\,H_2 \qquad \text{Gl. 5.26}$$

$$5\,B_2H_6 + 2\,AlMe_3 \xrightarrow{\text{Benzol, 100°C}} 2\,\textit{arachno-}1\text{-}AlB_4H_{11} + 4\,H_2 + 2\,Me_3B \qquad \text{Gl. 5.27}$$

$$B_5H_9 + 2\,AlMe_3 \xrightarrow{\text{Benzol, 80°C}} \textit{arachno-}AlB_5H_{12} + H_2 + B_2H_6 + \text{Zersetzungsprodukte} \qquad \text{Gl. 5.28}$$

$$Ga_2Cl_2H_4 + 2\,[B_3H_8]^- \xrightarrow{-30°C} 2\,\textit{arachno-}2\text{-}GaB_3H_{10} + 2\,Cl^- \qquad \text{Gl. 5.29}$$

$$Me_2AlCl + [B_3H_8]^- \longrightarrow \textit{arachno-}2{,}2\text{-}Me_2\text{-}2\text{-}AlB_3H_8 + Cl^- \qquad \text{Gl. 5.30}$$

$$Me_2GaCl + [B_3H_8]^- \longrightarrow \textit{arachno-}2{,}2\text{-}Me_2\text{-}2\text{-}GaB_3H_8 + Cl^- \qquad \text{Gl. 5.31}$$

Die Triebkraft der Reaktion von GaMe$_3$ oder InMe$_3$ mit *nido*-C$_2$B$_4$H$_8$ zu *closo*-1-Me-M-2,3-C$_2$B$_4$H$_6$ (M = Ga, In; siehe Abb. 3.7) ist die Abspaltung von Methan. In ähnlicher Weise wirkt die Eliminierung von Ethan beschleunigend auf die Reaktion von AlEt$_3$ oder GaEt$_3$ mit *arachno*-7,8-C$_2$B$_9$H$_{13}$ zu *nido*-7,8-C$_2$B$_9$H$_{12}$(MEt$_2$); erhitzt man dieses Produkt, bildet sich unter Abspaltung eines zweiten Mols Ethan *closo*-1-Et-1-M-2,3-C$_2$B$_9$H$_{11}$ (M = Al, Ga).

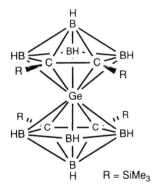

Abb. 5.6 2,2',3,3'-(SiMe$_3$)$_4$-*commo*-1,1'-Ge(1-Ge-2,3-C$_2$B$_4$H$_4$)$_2$.

Silicium, Germanium, Zinn und Blei

Das erste Silicium-Analogon eines ikosaedrischen Dicarbaborans wurde 1990 aus B$_{10}$H$_{14}$ hergestellt (Gl. 5.32). 1,2-Me$_2$-1,2-Si$_2$B$_{10}$H$_{10}$ (Abb. 3.7) ist stabil gegenüber Luft und Feuchtigkeit – allerdings weniger als sein kohlenstoffhaltiges Gegenstück. Man kann ein Siliciumatom ohne terminalen Substituenten einbauen; Gln. 5.33 und 5.34 zeigen zwei Beispiele. Die Ausgangsstoffe, *nido*-Dianionen, reagieren mit Siliciumtetrachlorid entweder zu einem einzelnen *closo*-Cluster wie im Fall des 1-Si-2,3-(SiMe$_3$)$_2$-2,3-C$_2$B$_4$H$_4$ oder zu einer *commo*-Struktur, bei der das Siliciumatom die Verbindungsposition der beiden Bausteine einnimmt (siehe Abb. 3.9). Gibt es, wie in Gl. 5.33, zwei konkurrierende Reaktionswege, so wird der *commo*-Cluster bevorzugt gebildet. Ähnliche Reaktionen findet man zwischen *nido*-[2,3-(SiMe$_3$)$_2$-2,3-C$_2$B$_4$H$_5$]$^-$ und GeCl$_4$ oder SnCl$_2$ (Gln. 5.35 und 5.36). Setzt man *closo*-1-Sn-2,3-(SiMe$_3$)$_2$-2,3-C$_2$B$_4$H$_4$ bei 150°C mit GeCl$_4$ um, so wird das Zinn- gegen ein Germaniumatom ausgetauscht; gleichzeitig wandelt sich auch die Struktur - aus dem *closo*- wird das *commo*-Derivat, 2,2',3,3'-(SiMe$_3$)$_4$-*commo*-1,1'-Ge(1-Ge-2,3-C$_2$B$_4$H$_4$)$_2$ (Abb. 5.6).

$$2\,B_{10}H_{14} + 2\,MeHSi(NMe_2)_2 \xrightarrow[\text{in Benzol}]{\text{Rückfluß}} 1{,}2\text{-}Me_2\text{-}Si_2B_{10}H_{10} + 6{,}9\text{-}(Me_2NH)_2B_{10}H_{12} + 2\,H_2 + 2\,Me_2NH \qquad \text{Gl. 5.32}$$

$$\underset{R\,=\,SiMe_3}{NaLi[2{,}3\text{-}R_2C_2B_4H_4]} + SiCl_4 \xrightarrow[-\,LiCl\,-\,NaCl]{0°C\ THF} \begin{array}{l} \textit{closo-}1\text{-}Si\text{-}2{,}3\text{-}R_2\text{-}2{,}3\text{-}C_2B_4H_4 \\ +\,2{,}2'{,}3{,}3'\text{-}R_4\text{-}\textit{commo-}1{,}1'\text{-}Si(1\text{-}Si\text{-}2{,}3\text{-}C_2B_4H_4)_2 \end{array} \qquad \text{Gl. 5.33}$$

$$Li_2[C_2B_9H_{11}] + SiCl_4 \xrightarrow[-\ LiCl]{\text{Rückfluß in Benzol}} \text{commo-}3,3'\text{-Si}(3\text{-Si-}1,2\text{-}C_2B_9H_{11})_2 \qquad \text{Gl. 5.34}$$

$$Na[2,3\text{-}R_2C_2B_4H_5] + GeCl_4 \xrightarrow[-\ NaCl]{0°C\ THF} \text{closo-}1\text{-Ge-}2,3\text{-}R_2\text{-}2,3\text{-}C_2B_4H_4 \qquad \text{Gl. 5.35}$$
$$R = SiMe_3 \qquad\qquad\qquad + 2,2',3,3'\text{-}R_4\text{-commo-}1,1'\text{-Ge}(1\text{-Ge-}2,3\text{-}C_2B_4H_4)_2$$

$$Na[2,3\text{-}R_2C_2B_4H_5] + SnCl_2 \xrightarrow[-\ NaCl]{0°C\ THF} \text{closo-}1,1\text{-}(THF)_2\text{-}1\text{-Sn-}2,3\text{-}R_2\text{-}2,3\text{-}C_2B_4H_4 \qquad \text{Gl. 5.36}$$
$$R = SiMe_3$$

Abb. 6.12 zeigt eine Möglichkeit zur Einführung von Bleiatomen.

Stickstoff

Obwohl sich die Elektronegativitäten von Stickstoff und Bor erheblich unterscheiden, lassen sich Stickstoff-Heteroatome in Boran-Cluster einbauen, ohne daß die Elektronenstruktur des Clusters dabei übermäßig gestört wird. Als Stickstoff-Quelle zur Synthese von Azaboranen verwendet man beispielsweise das Nitrit-Ion. Bei der Umsetzung von $B_{10}H_{14}$ mit Natriumnitrit in THF entsteht ein Zwischenprodukt, dessen Struktur als $Na[B_{10}H_{12}NO_2]$ vorgeschlagen wurde. In konzentrierter H_2SO_4 wird dieses Intermediat protoniert, es entsteht nido-6-$(NH)B_9H_{11}$ (strukturell von $B_{10}H_{14}$ abstammend); in verdünnter wäßriger Lösung von HCl dagegen erhält man arachno-4-$(NH)B_8H_{12}$.

Ein $\{NH\}$-Fragment ist mit einem $\{BH^{2-}\}$-Baustein isolobal; das heißt, daß sich bei Einführung einer Stickstoff-Ecke in ein closo-Hydroborat-Dianion ein neutrales Azaboran ergibt. Die Verwendung des Azid-Ions als Quelle für den Cluster-Stickstoff illustriert die Reaktionsfolge in Gl. 5.37. Im ikosaedrischen closo-$B_{11}H_{11}NH$ tritt ein Stickstoffatom mit der ungewöhnlichen Koordinationszahl 6 auf (Bindungen werden zu einem terminalen Wasserstoff- und fünf Gerüst-Boratomen ausgebildet).

Die Elektronegativitäten nach *Pauling* von B und N sind 2.0 bzw. 3.0.

$B_{10}H_{12}(SMe_2)_2$ (Gl. 5.37) kann man durch Umsetzung von $B_{10}H_{14}$ mit SMe_2 herstellen (siehe Gl. 5.25).

$$\text{arachno-}B_{10}H_{12}(SMe_2)_2 \xrightarrow[-\ 2\ SMe_2]{HN_3} \text{arachno-}B_{10}H_{12}(N_3)(\mu\text{-}NH_2) \xrightarrow{\Delta} \text{nido-}B_{10}H_{12}NH$$
$$\downarrow Et_3N\cdot BH_3 \qquad \text{Gl. 5.37}$$
$$\text{closo-}B_{11}H_{11}NH \xleftarrow{H[BF_4]} [Et_3NH][B_{11}H_{11}N]$$

In Kapitel 4 kamen die allgemeinen Regeln der Polyederskelett-Elektronenpaar-Theorie zur Sprache; dort haben wir festgestellt, daß beim Übergang vom closo- zum nido-Cluster (abgesehen von Dachspitzen) stets diejenige Ecke mit der höchsten Koordinationszahl entfernt wird. Das Azaboran nido-$B_4Me_4N_2{}^tBu_2$ bildet eine Ausnahme (Abb. 5.7); verglichen mit der pentagonal-bipyramidalen Stammstruktur fehlt hier eine äquatoriale Ecke.

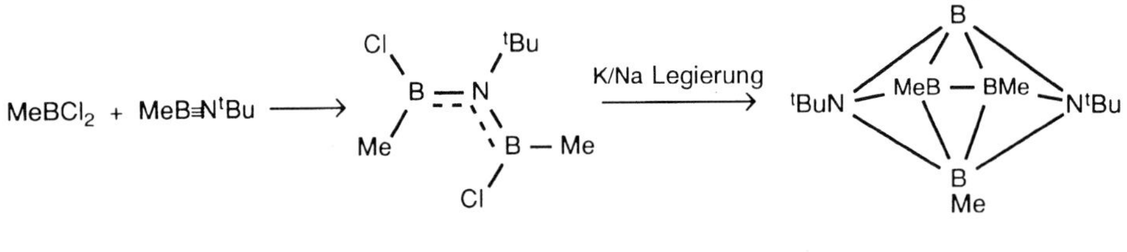

Abb. 5.7 Bildung von nido-$B_4Me_4N_2{}^tBu_2$. Vergleichen Sie die Struktur mit derjenigen, die man unter Berücksichtigung von Abb. 4.23 vorhersagen würde.

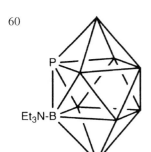

Abb. 5.8 *closo*-6-Et$_3$N-2-PB$_9$H$_8$; jede unbezeichnete Ecke entspricht {BH}.

Phosphor

Nur wenige binäre (d. h. nur aus P- und B-Atomen bestehende) Phosphaborane sind bisher bekannt. Als Phosphorquelle bietet sich PCl$_3$ an. Durch Umsetzung von PCl$_3$ mit B$_{10}$H$_{14}$ (Gl. 5.38) entsteht *closo*-1,2-P$_2$B$_{10}$H$_{10}$. Schwerere Elemente der Gruppe 15 werden auf dieselbe Weise eingebaut (Gln. 5.41 bis 5.43). Ein zweites *closo*-Phosphaboran (Abb. 5.8) wird analog gebildet. Bei der Pyrolyse von *closo*-1,2-P$_2$B$_{10}$H$_{10}$ bei etwa 590 °C findet Isomerisierung zu *closo*-1,7-P$_2$B$_{10}$H$_{10}$ statt – diesen ikosaedrischen Cluster kann man als Ausgangsstoff zur Bildung kleinerer Gerüste verwenden (Beispiel: Gl. 5.39). In jedem der dargestellten Phosphaborane besitzt das P-Atom ein nichtbindendes Elektronenpaar und keinen terminalen Substituenten. Die Verwendung von Alkyl- oder Aryl-Phosphordichlorid ermöglicht eine Einführung eines alkyl- bzw. arylsubstituierten Phosphoratoms (Gl. 5.40).

$$B_{10}H_{14} \xrightarrow[\text{in Gegenwart von Et}_3\text{N und Na[BH}_4]]{\text{PCl}_3 \quad \text{THF}} \textit{closo}\text{-1,2-P}_2B_{10}H_{10} + \textit{closo}\text{-6-Et}_3\text{N-2-PB}_9H_8 \qquad \text{Gl. 5.38}$$

$$\textit{closo}\text{-1,2-P}_2B_{10}H_{10} \xrightarrow[\text{2. HCl}]{\text{1. NaOH (aq)}} [\textit{nido}\text{-7-PB}_{10}H_{12}]^- \qquad \text{Gl. 5.39}$$

$$B_{10}H_{14} \xrightarrow[\text{R = Me, Et, Pr, Ph}]{\text{RPCl}_2; \text{ Überschuß NaH}} [\textit{nido}\text{-7-R-7-PB}_{10}H_{11}]^- \xrightarrow{H^+} \textit{nido}\text{-7-R-7-PB}_{10}H_{12} \qquad \text{Gl. 5.40}$$

Arsen, Antimon und Bismut

Bei der Synthese von arsen-, antimon- oder bismuthaltigen Heteroboranen geht man zweckmäßig von den Halogeniden dieser schwereren Mitglieder der Gruppe 15 aus. In alkalischem Milieu setzt sich *nido*-B$_{10}$H$_{14}$ mit EX$_3$ (E = As, Sb oder Bi; X = Halogen) zu *closo*-1,2-E$_2$B$_{10}$H$_{10}$ um. Eine Schwierigkeit dieser Reaktion (Gl. 5.42) ist die Bildung von [*nido*-7-AsB$_{10}$H$_{12}$]$^-$ als Nebenprodukt. Dieses Ion läßt sich aus B$_{10}$H$_{14}$ und AsI$_3$ in Gegenwart einer Base und eines Reduktionsmittels (wie beispielsweise das Borhydrid-Ion) spezifisch herstellen. [*nido*-7-AsB$_{10}$H$_{12}$]$^-$ reagiert in Gegenwart von Et$_3$N mit AsI$_3$ weiter, es entsteht *closo*-1,2-As$_2$B$_{10}$H$_{10}$.

$$B_{10}H_{14} \xrightarrow[\text{in Gegenwart von Et}_3\text{N}]{\text{BiCl}_3, \text{ THF, 25°C}} \textit{closo}\text{-1,2-Bi}_2B_{10}H_{10} \qquad \text{Gl. 5.41}$$

$$B_{10}H_{14} \xrightarrow[\text{in Gegenwart von Et}_3\text{N}]{\text{BiCl}_3, \text{ AsCl}_3, \text{ THF, 25°C}} \textit{closo}\text{-1,2-Bi}_2B_{10}H_{10} + \textit{closo}\text{-1-As-2-BiB}_{10}H_{10} \qquad \text{Gl. 5.42}$$
$$+ \textit{closo}\text{-1,2-As}_2B_{10}H_{10} + [\textit{nido}\text{-7-AsB}_{10}H_{12}]^-$$

$$B_{10}H_{14} \xrightarrow[\text{in Gegenwart von Et}_3\text{N}]{\text{BiCl}_3, \text{ SbI}_3, \text{ THF, 25°C}} \textit{closo}\text{-1,2-Bi}_2B_{10}H_{10} + \textit{closo}\text{-1-Bi-2-SbB}_{10}H_{10} + \textit{closo}\text{-1,2-Sb}_2B_{10}H_{10} \qquad \text{Gl. 5.43}$$

Polysulfide wie K$_2$S$_n$ werden als Quelle von Cluster-Schwefelatomen verwendet. Auch Ammoniumsulfid wird eingesetzt; es zersetzt sich in NH$_3$, [NH$_4$]SH$_n$ und Polysulfide, [S$_n$]$^{2-}$. In Gl. 5.44 schreiben wir für Polysulfid vereinfachend S^{2-}.

Schwefel, Selen und Tellur

Clustergebundene Schwefelatome können zum Beispiel aus einem Polysulfid stammen. Bei Umsetzung von Decaboran(14) mit Ammoniumsulfid in wäßriger Lösung wird simultan eine Bor-Ecke abgespalten und dafür ein Schwefelatom eingebaut (Gl. 5.44). Es bildet sich das *arachno*-Cluster-Anion [B$_9$H$_{12}$S]$^-$ – dieses wiederum öffnet neue Wege zu anderen Thiaboranen (Beispiele: Gln. 5.45 und 5.46).

Heteroboran-Cluster lassen sich auch unter Verwendung von Oxyanionen von Elementen der Gruppe 16 herstellen (Gln. 5.47–5.49). Wie schon in den vorangegangenen Beispielen gezeigt, wird das Decaboran-Gerüst bei Einführung des Heteroatoms teilweise abgebaut. Das Ausmaß dieses Abbaus hängt beispielsweise in der Reaktion zwischen $B_{10}H_{14}$ und $[S_2O_5]^{2-}$ von der Acidität des Mediums ab. Nicht immer wird der Cluster degradiert; setzt man $[B_{11}H_{14}]^-$ mit $NaHSeO_3$ um, so erhält man *closo*-1-$SeB_{11}H_{11}$, mit TeO_2 entsteht *closo*-1-$TeB_{11}H_{11}$. Die Gln. 5.50 und 5.51 zeigen die Anwendung von Polyselenid- bzw. Polytellurid-Anionen, $[Se_4]^{2-}$ und $[Te_4]^{2-}$.

In jedem der Thia-, Selena- und Telluraborane (Gln. 5.44 bis 5.51) wurde ein Substituent vom jeweiligen Atom aus Gruppe 16 entfernt; dafür ist je ein nichtbindendes Elektronenpaar verblieben.

$$B_{10}H_{14} + S^{2-} + 4 H_2O \longrightarrow [\textit{arachno}\text{-}6\text{-}SB_9H_{12}]^- + [B(OH)_4]^- + 3 H_2 \quad \text{Gl. 5.44}$$

$$2\,[\textit{arachno}\text{-}6\text{-}SB_9H_{12}]^- + I_2 \xrightarrow{\text{Rückfluß in Benzol}} \textit{nido}\text{-}6\text{-}SB_9H_{11} \xrightarrow{\frac{450°C;\ \text{Prod. am}}{\text{Kühlfinger bei }-78°C}} \textit{closo}\text{-}1\text{-}SB_9H_9 \quad \text{Gl. 5.45}$$

$$2\,[\textit{arachno}\text{-}6\text{-}SB_9H_{12}]^- \xrightarrow{200°C} [\textit{nido}\text{-}7\text{-}SB_{10}H_{11}]^- \xrightarrow{H^+} \textit{nido}\text{-}7\text{-}SB_{10}H_{12} \xrightarrow{\frac{380°C;\ \text{Prod. am}}{\text{Kühlfinger bei }-78°C}} \textit{closo}\text{-}1\text{-}SB_{11}H_{11} \quad \text{Gl. 5.46}$$

$$B_{10}H_{14} + K_2S_2O_5\,(aq) \xrightarrow{\text{Konz. }H_2SO_4} \textit{nido}\text{-}6\text{-}SB_9H_{11} \quad \text{Gl. 5.47}$$

$$B_{10}H_{14} + K_2S_2O_5\,(aq) \xrightarrow{HCl(aq)} \textit{arachno}\text{-}4\text{-}SB_8H_{12} \quad \text{Gl. 5.48}$$

$$B_{10}H_{14} + Na_2Se_2O_3 \xrightarrow{\text{THF, }HCl(aq)} \textit{nido}\text{-}7,8\text{-}Se_2B_9H_9 \quad \text{Gl. 5.49}$$

$$B_{10}H_{14} + Na_2Se_4 \longrightarrow \textit{nido}\text{-}7,8\text{-}Se_2B_9H_9 + [\textit{nido}\text{-}7\text{-}SeB_{10}H_{11}]^- \xrightarrow{H^+} \textit{nido}\text{-}7\text{-}SeB_{10}H_{12} \quad \text{Gl. 5.50}$$

$$B_{10}H_{14} + Na_2Te_4 \longrightarrow [\textit{nido}\text{-}7\text{-}TeB_{10}H_{11}]^- \xrightarrow{H^+} \textit{nido}\text{-}7\text{-}TeB_{10}H_{12} \quad \text{Gl. 5.51}$$

5.4 Cluster aus Boratomen, die keine Borane sind

Borhalogenide und verwandte Cluster

Die meisten neutralen B_nX_n-Cluster werden aus B_2X_4 durch thermische Disproportionierung in BX_3 und B_nX_n hergestellt (X = Cl: n = 8-12, X = Br: n = 7-10, X = I: n = 8 oder 9). Im Produktgemisch findet man auch verknüpfte Cluster. Die Zusammensetzung dieses Gemischs läßt sich durch Variation der Reaktionsbedingungen beeinflussen. So erhält man beim kurzzeitigen (wenige Minuten) Erhitzen von B_2Cl_4 auf 450 °C B_9Cl_9 in guter Ausbeute; erhitzt man dagegen in Gegenwart von CCl_4 einige Tage lang auf 100 °C, bildet sich (ebenfalls in hoher Ausbeute) B_8Cl_8. Wie in Gl. 5.52 zu erkennen, können auch gemischte Substituenten eingeführt werden.

Den tetraedrischen Cluster B_4Cl_4 kann man nicht auf diese Weise synthetisieren. Er bildet sich bei elektrischer Entladung in BCl_3 in Gegenwart von Quecksilber. Die Ausbeuten sind gering, werden aber verbessert, wenn man Hochfrequenzentladungen anwendet. Über B_4Cl_4 erhält man Zugang zu $B_4{}^tBu_4$ (Gl. 5.53), Gl. 5.54 zeigt eine modernere Synthese der letzteren Verbindung.

$$B_9Br_9 \xrightarrow{TiCl_4} B_9Br_{9-n}Cl_n \quad \text{Gl. 5.52}$$

$$B_4Cl_4 + 4\,^tBuLi \longrightarrow B_4{}^tBu_4 + 4\,LiCl \quad \text{Gl. 5.53}$$

$$12\,^tBuBF_2 + 8\,M \longrightarrow B_4{}^tBu_4 + 8\,M[^tBuBF_3] \quad \text{Gl. 5.54}$$
$$M = Na/K\ \text{Legierung}$$

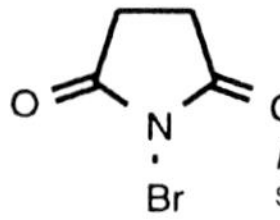

N-Brom-
succinimid

Anionische Borhalogenid-Cluster stellt man mittels Halogenierung des entsprechenden *closo*-Hydroborat-Dianions her (Gln. 5.55 bis 5.58). Das Chlorderivat $[B_9Cl_9]^{2-}$ ist auch analog zum bromhaltigen Cluster (Gl. 5.57) unter Verwendung von *N*-Chlorsuccinimid erhältlich.

$[B_6H_6]^{2-} \xrightarrow{X_2 \text{ (X = Cl, Br, I), wäßr. Alkali}} [B_6X_6]^{2-}$ Gl. 5.55

$[B_9H_9]^{2-} \xrightarrow{SO_2Cl_2} [B_9Cl_9]^{2-}$ Gl. 5.56

$[B_9H_9]^{2-} \xrightarrow{N\text{-Bromsuccinimid}} [B_9Br_9]^{2-}$ Gl. 5.57

$[B_9H_9]^{2-} \xrightarrow{\text{Überschuß } I_2} [B_9I_9]^{2-}$ Gl. 5.58

Cluster mit Bor-Stickstoff- oder Bor-Phosphor-Bindungen

Monocyclische Borazine [RBNR']$_3$ (R und R' = Alkyl- oder Arylrest) werden üblicherweise durch Umsetzung eines primären Amins, R'NH$_2$, mit einer Organoborverbindung RBH$_2$ synthetisiert. Die Triebkraft dieses Prozesses ist die Eliminierung des H$_2$. Oligomerisierungen, die zu Clustermolekülen führen, werden bei diesen Reaktionen nicht beobachtet. In ähnlicher Weise ergibt die Reaktion von BCl$_3$ mit NCl$_3$ lediglich das Trimer [ClBNCl]$_3$. Setzt man ein Hydrazinaddukt H$_4$N$_2$.B^{t}BuH$_2$ ein, entsteht zunächst ein sechsgliedriger Ring durch Dimerisierung unter H$_2$-Freisetzung; die Reaktion schreitet hier allerdings bis zum Cluster-Oligomer fort (Abb. 5.9). Dimerisierung der offenkettigen Verbindung Cl$_2$BN(Me)N(Me)BCl$_2$ führt zu einem cubanähnlichen Tetramer, [MeNBCl$_2$]$_4$ (Abb. 3.13). Die Bildung eines strukturverwandten Bor-Phosphor-Clusters sehen Sie in Abb. 5.10.

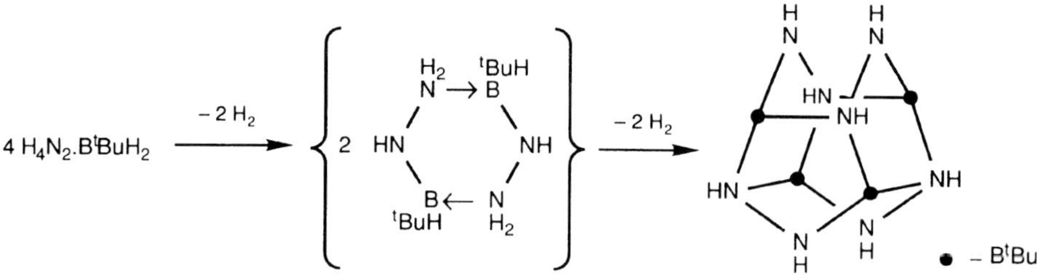

Abb. 5.9 Bildung des tetrameren Clusters [^{t}BuBN$_2$H$_2$]$_4$.

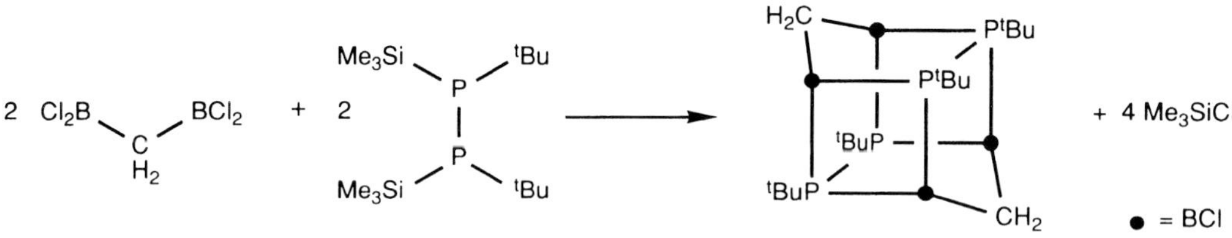

Abb. 5.10 Bildung des Clusters [^{t}BuPB(Cl)CH$_2$B(Cl)P^{t}Bu]$_2$ vom Cuban-Typ.

5.5 Aluminium

Das ikosaedrische Al$_{12}$-Gerüst

Es mag ein wenig überraschend sein: Abgesehen davon, daß sich Aluminiumatome ohne Störung der Struktur in verschiedene Boran-Cluster einbauen lassen, gibt es nur einen einzigen Cluster, dessen Gerüst ausschließlich aus

Aluminium besteht; dies ist $[Al_{12}{}^iBu_{12}]^{2-}$. Gl. 5.59 gibt einen Syntheseweg zu diesem Dianion an. An der Luft ist der Cluster recht stabil, unter Inertgas bleibt er sogar bis zu 150 °C unzerstört.

$$12\ ^iBu_2AlCl \xrightarrow[0°C\ (3\,Tage),\ 25°C\ (1\,Tag)]{K\ in\ Hexan} K_2[Al_{12}{}^iBu_{12}] \quad \text{geringe Ausbeute} \qquad \textbf{Gl. 5.59}$$

Iminoalane

Synthesestrategien zur Herstellung von Iminoalanen (Abb. 3.14 und 3.15) setzten an Lewis-Säure-Base-Wechselwirkungen zwischen Aluminium und Stickstoff an. Ausgewählte Möglichkeiten sind in den Gln. 5.60 bis 5.63 gegeben. Die Größe der gebildeten Cluster hängt sowohl von der Art der Alkyl- oder Arylsubstituenten als auch von den Reaktionsbedingungen ab. Die Art von R bestimmt auch die Stabilität der Zwischenstufe in Gl. 5.60: Ist R = H, kann molekularer Wasserstoff abgespalten werden, das Intermediat ist also nicht stabil.

$$n\,AlR_3 + n\,R'NH_2 \xrightarrow{-RH} \{[R_2AlNHR']_n\} \xrightarrow{-RH} [RAlNR']_n \quad \text{R und R' = Alkyl oder Aryl} \qquad \textbf{Gl. 5.60}$$

$$n\,M[AlH_4] + n\,RNH_2 \longrightarrow [HAlNR]_n + n\,MH + 2n\,H_2 \quad M = Li, Na;\ R = {}^iPr, {}^nBu, {}^tBu \qquad \textbf{Gl. 5.61}$$

$$n\,Li[AlH_4] + n\,RNH_3Cl \longrightarrow [HAlNR]_n + n\,LiCl + 3n\,H_2 \quad R = \text{versch. Alkyle} \qquad \textbf{Gl. 5.62}$$

$$2n\,Al + 2n\,RNH_2 \xrightarrow{\text{hohe Temp., hoher } H_2\text{-Druck}} 2\,[HAlNR]_n + n\,H_2 \quad R = \text{versch. Alkyle} \qquad \textbf{Gl. 5.63}$$

Durch Pyrolyse des Addukts $Me_3Al\cdot NH_2Me$ bei 215 °C erhält man eine Mischung aus $[MeAlNMe]_8$ und $[MeAlNMe]_7$ (Abb. 3.14). Ist die Temperatur niedriger (175 °C), bildet sich vorwiegend $(MeAlNMe)_6(Me_2AlNHMe)_2$ (Abb. 3.15). Es wurde gezeigt, das die letztere Spezies lediglich ein Zwischenprodukt auf dem Weg zum Heptamer bzw. Octamer darstellt; isoliert man $(MeAlNMe)_6(Me_2AlNHMe)_2$ und erhitzt eine Probe auf 215 °C, entsteht $[MeAlNMe]_7$ und in kleinen Mengen auch $[MeAlNMe]_8$. Mittels ^{1}H-NMR-Spektroskopie kann man den Verlauf dieser Reaktion verfolgen: Die Zunahme des Heptamers entspricht in etwa der Abnahme des $(MeAlNMe)_6(Me_2AlNHMe)_2$.

Das Iminoalan $(HAlN^iPr)_2(HAlNH^iPr)_3$ (Abb. 3.15) stellt man durch Umsetzung von Alumimiumhydrid mit Isopropylamin in Diethylether unter Rückfluß her. Die Gerüststruktur des Produkts ist offener als die der meisten anderen Iminoalane.

Ein Aluminaphosphacuban

Trotz der Vielfalt von Iminoalan-Clustermolekülen sind erst seit kurzer Zeit auch einige Phosphor-Analoga bekannt. In Gl. 5.64 sehen Sie einen möglichen Weg zum Aluminaphosphacuban $[^iBuAlP(SiPh_3)]_4$. Hier liegen polare Al–P-Bindungen vor; das Molekül kann daher sowohl elektrophil als auch nucleophil angegriffen werden. Ethanol spaltet die Verbindung in $^iBuAl(OEt)_2$ und Ph_3SiPH_2. Dieses Beispiel zeigt eindrucksvoll, wie entscheidend die Wahl des richtigen Lösungsmittels für das Gelingen einer Synthese sein kann!

Die Elektronegativitäten nach *Pauling* für Al bzw. P sind 1.61 bzw. 2.19.

$$4\,^iBu_2AlH + 4\,(Ph_3Si)PH_2 \xrightarrow[-H_2]{25°C,\ Toluol} 4\,^iBu_2AlPH(SiPh_3) \xrightarrow[-{}^iBuH]{\text{Rückfluß in Toluol}} [^iBuAlP(SiPh_3)]_4 \qquad \textbf{Gl. 5.64}$$

5.6 Gallium und Indium

Auf ähnlichem Weg wie das analoge Iminoalan (siehe oben) kann man durch Erhitzen von Me_3Ga und $MeNH_2$ auf 210 °C das Iminogallan ($MeGaNMe)_6(Me_2GaNHMe)_2$ darstellen.

Die Sulfid- und Selenid-Octaanionen $[E_4X_{10}]^{8-}$ (E = Ga oder In, X = S oder Se) besitzen adamantanähnliche Struktur; man stellt sie aus einfachen Sulfiden bzw. Seleniden des geeigneten Elements der Gruppe 13 her, wie in Gl. 5.65 am Beispiel von $[In_4Se_{10}]^{8-}$ gezeigt ist.

$$2\,In_2Se_3 + 4\,K_2Se\,(aq) \xrightarrow{90°C} K_8[In_4Se_{10}]$$
Gl. 5.65

5.7 Thallium

Thallium(I)-Alkoxide

Die Alkoholyse von metallischem Thallium mit Luftoxidation ist ein Syntheseweg, der zum tetrameren Thallium(I)-ethoxid führt (Gl. 5.66). Durch Austausch des Alkoxid-Substituenten gelangt man zu weiteren Derivaten, so beispielsweise zu $[TlOMe_4]$ (Behandlung von $[TlOEt_4]$ mit Methanol).

$$4\,Tl + 4\,EtOH \rightarrow [TlOEt]_4 + 2\,H_2$$
Gl. 5.66

Thallium(I)-Thiolate

Bis 1989 war kein Thallium(I)-Thiolat strukturell aufgeklärt. Durch Umsetzung eines Thallium(I)-Salzes mit einem Alkalimetall-Thiolat, M[SR] (Gl. 5.67), erhält man eine Spezies, deren empirische Formel auf ein einzelnes Thallium(I)-Thiolat TlSR hindeutet. Ähnlich der Thallium(I)-Alkoxide liegen die Thiolate als molekulare Cluster vor, deren Strukturen von R abhängen. Ist beispielsweise R = ^{t}Bu, wird ein Doppelcuban (Abb. 3.18) gebildet.

$$Tl_2CO_3 + NaSR \rightarrow 2\,TlSR + Na_2CO_3 \quad (R = Ph, ^tBu)$$
Gl. 5.67

Cubane mit Thallium-Stickstoff-Bindungen

Die Cuban-Cluster $Tl_2(MeSi)_2(N^tBu)_4$ und $Tl_6(MeSi)_2(N^tBu)_6$ (Abb. 3.17) werden durch Austausch von Lithium gegen Thallium gewonnen (Gln. 5.68 und 5.69). Dabei erhält man die strukturverwandten lithiumhaltigen Ausgangsstoffe durch Lithiierung eines geeigneten Silylamins (Gl. 5.70). Die lithiierten Silylamine lagern sich zu Silazanen zusammen, die dann als eine Art Modell zur Synthese verwandter Verbindungen dienen können. Wie die Strukturen von $Li_6(MeSi)_2(N^tBu)_6$ bzw. $Tl_6(MeSi)_2(N^tBu)_6$ (Doppelcubane) zustande kommen, zeigt Ihnen Abb. 5.11.

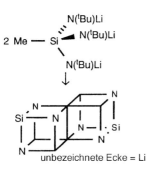

Abb. 5.11 Entstehung des $Li_6(MeSi)_2(N^tBu)_6$-Gerüsts durch Dimerisierung des lithiierten Silylamins. In Wirklichkeit ist der Cluster kein idealer Doppel-Würfel.

$$Li_2(MeSi)_2(N^tBu)_4 + 2\,TlCl \rightarrow Tl_2(MeSi)_2(N^tBu)_4 + 2\,LiCl \quad \text{Gl. 5.68}$$

$$Li_6(MeSi)_2(N^tBu)_6 + 6\,TlCl \rightarrow Tl_6(MeSi)_2(N^tBu)_6 + 6\,LiCl \quad \text{Gl. 5.69}$$

$$2\,MeSi(N^tBuH)_3 + 6\,^nBuLi \rightarrow [MeSi(N^tBuLi)_3]_2 \quad \text{Gl. 5.70}$$
$$(\equiv Li_6(MeSi)_2(N^tBu)_6) + 6\,^nBuH$$

5.8 Kohlenstoff-Cluster

Tetra(^{t}butyl)-tetrahedran

Ob die Synthese eines Tetrahedran-Clusters zum Erfolg führt, hängt empfindlich von der Wahl des *exo*-Substituenten ab. Tetra(^{t}butyl)-tetrahedran bildet sich als farblose, an der Luft stabile kristalline Substanz durch Photolyse von 2,3,4,5-Tetra(^{t}butyl)-cyclopenta-2,4-dienon (Abb. 5.12); die Reaktion ist nicht ganz so einfach, wie man anhand der Abb. 5.12 annehmen könnte. Beim

Erhitzen des Tetrahedrans auf 130 °C entsteht Tetra(ᵗbutyl)-cyclobutadien, ein
Prozeß, der bei der Photolyse wieder umgekehrt wird.

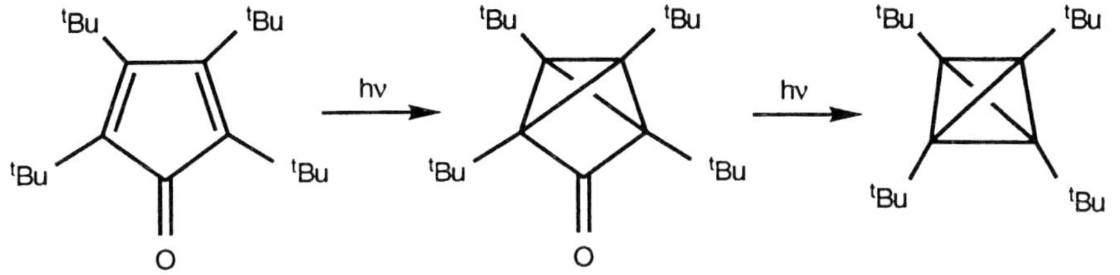

Abb. 5.12 Synthese von $C_4{}^tBu_4$.

Benzvalen und Prisman – Isomere des Benzols

Benzvalen – erkennbar am fauligen Geruch – wird photolytisch aus Benzol
gebildet; dieser Syntheseweg ist allerdings nicht empfehlenswert, da die photochemische Zersetzung von Benzvalen durch Benzol sensibilisiert wird. Gl. 5.71
zeigt eine bessere Methode.

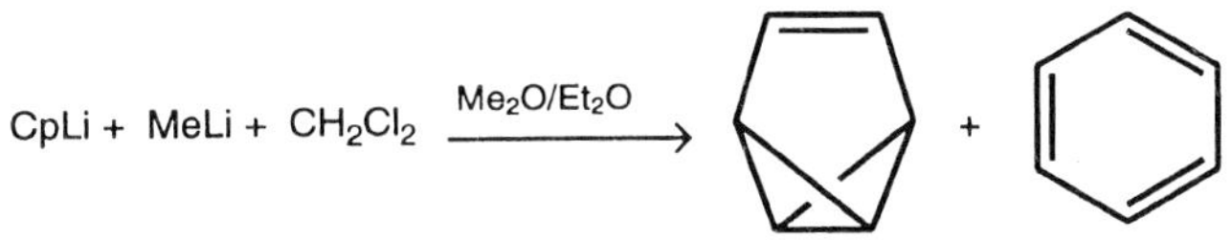

$$CpLi + MeLi + CH_2Cl_2 \xrightarrow{Me_2O/Et_2O} \text{[Benzvalen]} + \text{[Benzol]} \qquad \text{Gl. 5.71}$$

Prisman ist eine explosive Flüssigkeit, stabil bei Raumtemperatur, bei 90 °C
hingegen zu Benzol isomerisierend. Die Reaktion von Benzvalen mit dem
Dienophil in Abb. 5.13 beginnt mit dem Aufbau des C_6-Gerüsts; für den letzten
Schritt zum Prisman ist die Abspaltung molekularen Stickstoffs die entscheidende Triebkraft.

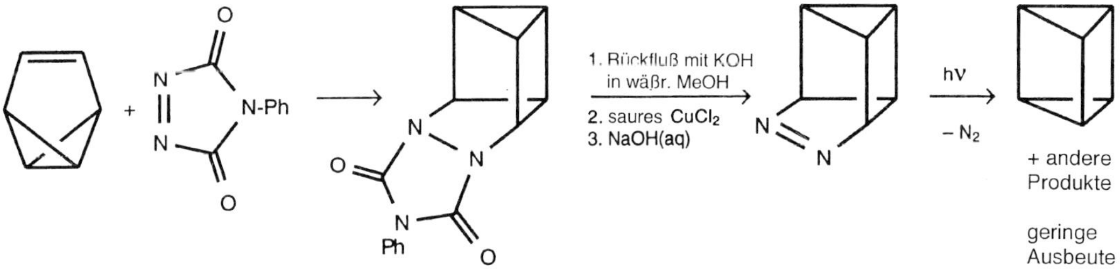

Abb. 5.13 Synthese von Prisman; sowohl Ausgangsstoff als auch Produkt sind Isomere von Benzol.

Cuban

Cuban, C_8H_8, läßt sich in einer mehrstufigen Reaktion aus Norbornen herstellen;
dabei wird das Gerüst Schritt für Schritt geschlossen. Eine bequemere Synthese
geht von einer Cuban-Hälfte in Form eines Cyclobutadien-Liganden im Organometall-Komplex $(\eta^4\text{-}C_4H_4)Fe(CO)_3$ aus. Die Knüpfung des C_8-Gerüsts wird
dabei durch Diels-Alder-Addition von 2,5-Dibrom-p-benzochinon eingeleitet
(Abb. 5.14).

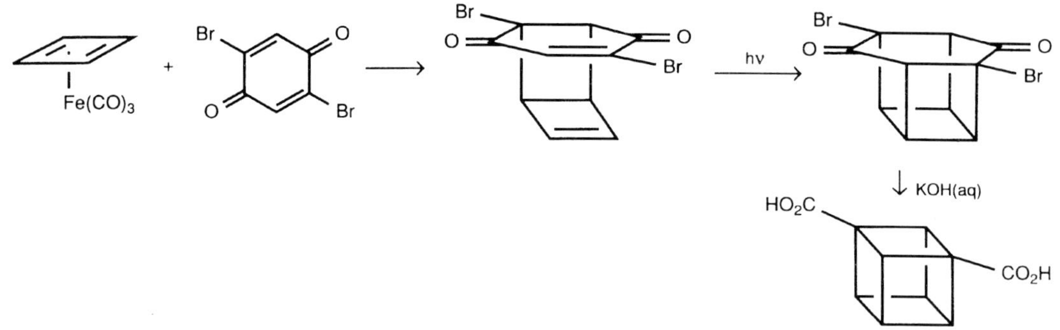

Abb. 5.14 Bildung eines 1,3-disubstituierten Cubans durch systematischen Gerüstaufbau.

Adamantan

Zur Herstellung von Adamantan und seinen Derivaten gibt es zahlreiche Möglichkeiten. Ein allgemeiner Weg ist der Ringschluß durch Einschub einer Methylen-Gruppe in eine Bicyclo[3.3.1]-Spezies. Noch erfolgversprechender sind Isomerisierungen: Man geht davon aus, daß das Adamantan-Gerüst besonders stabil ist und geeignete Ausgangsstoffe sich spontan zum Adamantan umlagern.

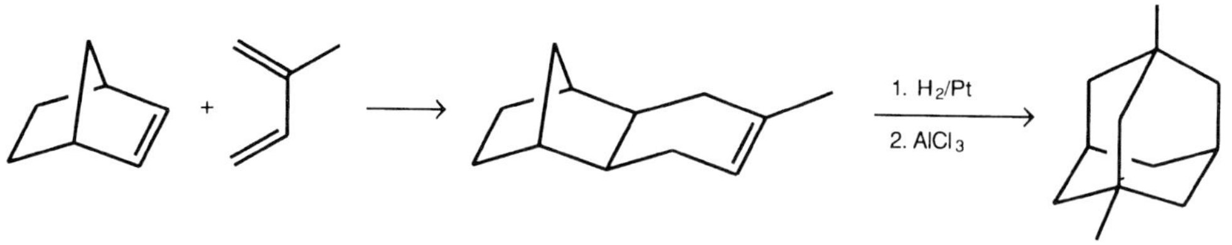

Gl. 5.72

5.9 Silicium

Vom *Tempern* z. B. eines Glases spricht man, wenn man den Werkstoff zur Beseitigung von Spannungen mehrfach kontrolliert aufheizt und abkühlt.

Einfache Silicium-Gerüste

Setzt man Silizium mit einer Mischung aus Kalium und Lithium bei 800 °C um, tempert das Produkt und kühlt es langsam ab, so erhält man rote Alkalimetall-Silicide $K_3Li[Si_4]$ und $K_7Li[Si_4]_2$. Die Verbindungen sind an der Luft leicht entzündlich.

$$4\ Ph_2(^tBuMe_2Si)Si-Si(SiMe_2^tBu)Ph_2 + 16\ HBr \xrightarrow[-16\ C_6H_6]{AlBr_3} 4\ Br_2(^tBuMe_2Si)Si-Si(SiMe_2^tBu)Br_2 \xrightarrow[-16\ NaBr]{Na} Si_8(SiMe_2^tBu)_8$$

Gl. 5.73

$$8\ (^tBuMe_2Si)SiPh_3 + 8\ HBr \xrightarrow[-8\ C_6H_6]{AlBr_3} 8\ (^tBuMe_2Si)SiBr_3 \xrightarrow[-24\ NaBr]{Na} Si_8(SiMe_2^tBu)_8$$

Gl. 5.74

Polycyclische Silane wie Si_7Me_{12}, Si_8Me_{14}, $Si_{10}Me_{16}$, $Si_{11}Me_{18}$ und $Si_{13}Me_{22}$ bilden sich durch Behandlung einer Mischung aus $MeSiCl_3$ und Me_2SiCl_2 mit einer Natrium-Kalium-Legierung in Gegenwart von Naphthalen. Das Octasilacuban $Si_8(Si^tBuMe_2)_8$ kann man durch Aggregation von Mono- oder Disiliciumeinheiten herstellen (Gln. 5.73 und 5.74). Die Kristalle zeigen Thermochromie: Sie sind bei Zimmertemperatur hellgelb, bei –96 °C farblos, und bei 280 °C liegt ein orangefarbenes Glas vor.

Polycyclische Siloxane und Silazane

Polycyclische Siloxane bzw. Silasesquioxane der allgemeinen Summenformel $[RSiO_{1.5}]_n$ stellt man aus Organochlorsilanen (Gl. 5.75) her. Durch Cohydrolyse zweier verschieden substituierter Organochlorsilane erhält man Siloxane mit gemischten Substituenten. Im Fall der Alkoxysilane führt die Umsetzung von $(ClSi)_8O_{12}$ mit MeONO zum Erfolg: NOCl wird abgespalten, die terminalen Chloratome werden durch Methoxygruppen ersetzt. Bei der Wahl des Ausgangsstoffes zur Einführung der Methoxygruppen ist Vorsicht geboten: ionische Reagenzien (wie MeOLi) zerstören das Siloxan-Clustergerüst.

$$8\ RSiCl_3 + 24\ H_2O \xrightarrow{-24\ HCl} 8\ RSi(OH)_3 \xrightarrow{Dehydratis.} 4\ R(HO)_2Si-O-Si(OH)_2R \xrightarrow{Dehydratis.} 2\ R(HO)Si(-O-Si(OH)R)(-O-)$$

$$(RSi)_8O_{12} \xleftarrow{Dehydratis.}$$

Cuban   Gl. 5.75

Zur Herstellung polycyclischer Silazane $[RSi(NH)_{1.5}]_n$ mit Alkylsubstituenten und Strukturen, die denen der oben besprochenen Siloxane ähneln, bedient man sich der allgemeinen Methode gemäß Gl. 5.76. Ist R = ^{n}Octyl, bildet sich bevorzugt das Cuban ($n = 8$); hexagonal-prismatische Cluster ($n = 6$) beobachtet man vorwiegend bei R = Methyl, Ethyl, ^{n}Heptyl, ^{n}Nonyl.

Zur Synthese polycyclischer Silaphosphane informieren Sie sich in Abschnitt 5.11.

$$2n\ RSiCl_3 + 9n\ NH_3 \longrightarrow 2\ [RSi(NH)_{1.5}]_n + 6n\ NH_4Cl \qquad R = \text{Alkyl (Methyl bis Nonyl)} \qquad Gl.\ 5.76$$

5.10 Germanium, Zinn und Blei

Zintl-Ionen

Früher stellte man Zintl-Ionen durch Auflösung metallischen Germaniums, Zinns oder Bleis in flüssigem, natriumhaltigem Ammoniak her. Dieses Lösungsmittelsystem reduziert Na zu Na$^+$, die freien Elektronen werden vom Ammoniak solvatisiert. Heutzutage extrahiert man das Alkalimetall M aus einer Zintl-Phase M_nE_x mittels eines macrocyclischen Liganden (Cryptanden), 2,2,2-crypt. Dieser Ligand bildet einen Käfig um das Alkalimetall-Ion und entfernt es so aus der Zintl-Phase (Gl. 5.77). Anschließend wird das Produkt durch 1,2-Diaminoethan (ein Schlüsselreagens für diesen Prozeß) solvatisiert (Gln. 5.78 bis 5.84). Welches Zintl-Ion gebildet wird, hängt von der Stöchiometrie der Zintl-Phase ab: Gl. 5.78 zeigt die Bildung von $[Sn_5]^{2-}$, wird der Zinngehalt der Zintl-Phase jedoch erhöht, entsteht bevorzugt $[Sn_9]^{4-}$. Zintl-Ionen sind meist intensiv farbig.

2,2,2-Cryptand (2,2,2-crypt)
4,7,13,16-Hexaoxa-1.10-diazabicyclo[8.8.8]-hexacosan

$$M_nE_x + L \xrightarrow[L\ =\ 2,2,2\text{-crypt}]{1,2\text{-Diaminoethan (en)}} [ML^+]_n[E_x^{n-}] \qquad Gl.\ 5.77$$

Zintl-Phase → ← Zintl-Ion

$$NaSn_{1.0-1.7} \xrightarrow{L\ =\ 2,2,2\text{-crypt, en}} [NaL^+]_2[Sn_5^{2-}] \qquad Gl.\ 5.78$$

$$NaPb_{1.7-2.0} \xrightarrow{L,\, en} [NaL^+]_2[Pb_5^{2-}] \quad \text{Gl. 5.79}$$

$$KGe \xrightarrow{L,\, en} [KL^+]_6[Ge_9^{4-}][Ge_9^{2-}] \quad \text{Gl. 5.82}$$

$$KPbSb \xrightarrow{L,\, en} [KL^+]_2[Pb_2Sb_2^{2-}] \quad \text{Gl. 5.80}$$

$$NaSnGe \xrightarrow{L,\, en} [NaL^+]_4[Sn_{9-x}Ge_x^{4-}] \quad \text{Gl. 5.83}$$

$$KSn_2 + K_3Bi_2 \xrightarrow{L,\, en} [KL^+]_2[Sn_2Bi_2^{2-}] \quad \text{Gl. 5.81}$$

$$KTlSn \xrightarrow{L,\, en} [KL^+]_3[TlSn_9^{3-}]_{0.5}[TlSn_8^{3-}]_{0.5} \quad \text{Gl. 5.84}$$

L = 2,2,2-crypt

Alkalimetall-Naphthalide:

Naphthalin

$$M + C_{10}H_8 \rightarrow M[C_{10}H_8]$$
$$M = Li,\, Na$$

Das dem Metall M entzogene Elektron wird über das aromatische π-System des Naphthyl-Radikal-Ions delokalisiert. Metall-Naphthalide sind bessere Metallierungsmittel als die reinen Alkalimetalle.

Einfache Germanium-Cluster mit *exo*-Substituenten

In den Gln. 5.73 und 5.74 wurde die Bildung eines Octasilacuban-Clusters durch Zusammenlagerung von 4 Einkern- bzw. 8 Zweikern-Fragmenten demonstriert. Auf analoge Weise nutzt man Mono- und Digermaniumfragmente als Ausgangsstoffe zur Gewinnung von Ge_x-Gerüsten. Ein synthetisches Detail der Herstellung von $Ge_6\{CH(SiMe_3)_2\}_6$ bzw. $Ge_8{}^tBu_8Br_2$ ist die Eliminierung eines Lithium-Halogenids. Das prismanähnliche $Ge_6\{CH(SiMe_3)_2\}_6$ bildet sich durch Umsetzung von elementarem Lithium mit $Ge\{CH(SiMe_3)_2\}Cl_3$. Die Reaktion von $\{GeBr_2{}^tBu\}_2$ mit Lithium-Naphthalid (Gl. 5.85) führt nicht, wie man erwarten könnte, zum Octagermacuban (vergl. Gl. 5.73), sondern zu einem ungewöhnlichen Cluster: $Ge_8{}^tBu_8Br_2$ (Abb. 5.15). Sowohl $Ge_8{}^tBu_8Br_2$ als auch $Ge_6\{CH(SiMe_3)_2\}_6$ sind an der Luft außergewöhnlich beständig, $Ge_8{}^tBu_8Br_2$ auch thermisch sehr stabil.

Abb. 5.15 Grundgerüst von $Ge_8{}^tBu_8Br_2$ im Vergleich zum regulären Cuban.

$$4\,\{GeBr_2{}^tBu\}_2 + 14\,Li[C_{10}H_8] \rightarrow Ge_8{}^tBu_8Br_2 + 14\,LiBr + 14\,C_{10}H_8 \quad \text{Gl. 5.85}$$

Cubane und verwandte Verbindungen

Das Cuban-Strukturmotiv findet man häufig bei Verbindungen zwischen Elementen, die in der Gruppe 14 weiter unten stehen, und Lewis-Basen. Synthetische Wege zu Cubanen gehen von Einkern-Fragmenten aus. Durch Kondensation von $^nBuSn(O)OH$ und phosphinigen Säuren, R_2PO_2H, erhält man $[^nBuSn(O)(\mu\text{-}O_2PR_2)]_4$. $PhSnCl_3$ reagiert mit RC_2OM (M = Na, Ag) in Gegenwart von Wasser zu $[PhSn(O)(\mu\text{-}O_2CR)]_6$ (siehe Abb. 3.31). Man kann Cubane auch durch Cycloaddition geeigneter identischer oder nicht identischer Fragmente herstellen (Gl. 5.86).

Eine nützliche Synthesestrategie für eine Reihe von Cubanen des Typs $[ENR']_4$ stellt die Reaktion der monocyclischen Spezies $Me_2Si(NR)_2E$ (R = Alkyl-, Arylrest; E = Ge, Sn, Pb) mit $R'NH_2$ (R' = Alkyl-, Arylrest) dar (Gl. 5.87). Die Produktverteilung wird durch den sterischen Anspruch von R' bestimmt: ausgedehnte Substituenten begünstigen die Bildung des Cubans, kleine Gruppen R' begünstigen die Bildung von Polymeren anstelle diskreter Cluster. Bei den schwereren Elementen der Gruppe 14 werden bevorzugt Bindungen aus reinen p-Orbitalen gebildet; dies ist eine Folge des Inertpaar-Effekts. Für diese Bindungsverhältnisse ist die Cubanstruktur mit ihren endocyclischen 90°-Winkeln besonders gut geeignet.

Gl. 5.86

Gl. 5.87

Cluster vom Adamantan-Typ

Welche Methode zur Herstellung eines germanium- oder zinnhaltigen Clusters vom Adamantantyp gewählt wird, hängt unter anderem von der Funktion des Elements aus Gruppe 14 im Cluster ab (siehe dazu Abb. 5.16). In einer der möglichen Clustergruppen, (RE)$_4$X$_6$, befindet sich an jedem Germanium- oder Zinnatom ein *exo*-Substituent. Typische Synthesewege finden Sie in den Gln. 5.88 bis 5.92. Ersetzt man in Gl. 5.89 H$_2$S durch H$_2$Se, gelangt man zu (PhGe)$_4$Se$_6$. In einer analogen Umsetzung entsteht aus einem Organozinn-Trihalogenid, z. B. MeSnBr$_3$, und Natriumsulfid (MeSn)$_4$S$_6$. Eine Alternative zur Herstellung von [Ge$_4$S$_{10}$]$^{4-}$ ist der Methode zur Gewinnung von [In$_4$X$_{10}$]$^{8-}$ (Gl. 5.65) ähnlich. Tl$_4$[Ge$_4$S$_{10}$] kann man aus einer aufgeschmolzenen Mischung von GeS$_2$ und Tl$_2$S isolieren, Tl$_4$[Ge$_4$Se$_{10}$] erhält man analog. Die zweite mögliche Clustergruppe in Abb. 5.16 hat die allgemeine Summenformel X$_4$(ER$_2$)$_6$. Der Ausgangsstoff sollte hier eine zweifach funktionalisierte Ge- bzw. Sn-Einheit enthalten (d. h., R$_2$SnCl$_2$ beispielsweise ist besser geeignet als RSnCl$_3$) (Gl. 5.93).

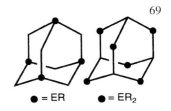

Abb. 5.16 Die beiden Klassen Sn- bzw. Ge- (E-) -haltiger Cluster vom Adamantan-Typ: (RE)$_4$X$_6$ und X$_4$(ER$_2$)$_6$.

$$4\,PhGeCl_3 + 6\,K_2PPh \longrightarrow (PhGe)_4(PPh)_6 + 12\,KCl \qquad \text{Gl. 5.88}$$

$$4\,PhGeCl_3 + 6\,H_2S \xrightarrow[\text{von Et}_3\text{N}]{\text{in Gegenwart}} (PhGe)_4S_6 + 12\,HCl \qquad \text{Gl. 5.89}$$

$$4\,CF_3GeCl_3 + 6\,E(SiH_3)_2 \xrightarrow{Al_2Cl_6} (CF_3Ge)_4E_6 + 12\,SiH_3Cl \qquad \text{Gl. 5.90}$$
$$E = S \text{ oder } Se$$

$$4\,GeBr_4 + 6\,H_2S \xrightarrow{\text{siedendes CS}_2} (BrGe)_4S_6 + 12\,HBr \qquad \text{Gl. 5.91}$$

$$4\,GeS_2 + 2\,S^{2-} \xrightarrow[\text{Gegenwart von Cs}^+]{\text{wäßrige Lösung,}} [Ge_4S_{10}]^{4-} \qquad \text{Gl. 5.92}$$

$$6\,Ph_2SnCl_2 + 4\,PH_3 \longrightarrow P_4(SnPh_2)_6 + 12\,HCl \qquad \text{Gl. 5.93}$$

5.11 Phosphor

Polycyclische Phosphide und Phosphane

Im Abschnitt 2.3 wurde die Synthese der Anionen [P$_7$]$^{3-}$, [P$_{16}$]$^{2-}$, [P$_{21}$]$^{3-}$, [P$_{26}$]$^{4-}$ aus weißem Phosphor abgehandelt. Gln. 5.94 und 5.95 zeigen zwei weitere Methoden, das Anion [P$_7$]$^{3-}$ zu erhalten. Zur Herstellung von Alkylderivaten P$_7$R$_3$ (Gl. 5.96) bedient man sich des Ausgangsstoffes Li$_3$P$_7$. Von den beiden in Abb. 5.17 dargestellten Isomeren ist (b) bevorzugt, da hier die Wechselwirkungen zwischen nichtbindenden Elektronenpaaren (und ebenso die Wechselwirkungen R—R) minimal werden.

$$9\,P_2H_4 + 3\,^nBuLi \xrightarrow{\text{THF, }-20°C} Li_3P_7 + 11\,PH_3 + 3\,^nBuH \qquad \text{Gl. 5.94}$$

$$9\,P_2H_4 + 3\,LiPH_2 \xrightarrow{\text{Monoglyme, }-20°C} Li_3P_7 + 14\,PH_3 \qquad \text{Gl. 5.95}$$

$$Li_3P_7 + 3\,MeBr \longrightarrow P_7Me_3 + 3\,LiBr \qquad \text{Gl. 5.96}$$

$$n\,RPCl_2 + m\,PCl_3 \xrightarrow[-MgCl_2]{Mg} P_{n+m}R_n \qquad \text{Gl. 5.97}$$

$$n\,RPCl_2 + {}^m\!/_4\,P_4 \xrightarrow[-MgCl_2]{Mg} P_{n+m}R_n \qquad \text{Gl. 5.98}$$

$$n\,cyclo\text{-}[PR]_x + m\,PCl_3 \xrightarrow[-MgCl_2]{Mg} P_{xn+m}R_{xn} \qquad \text{Gl. 5.99}$$

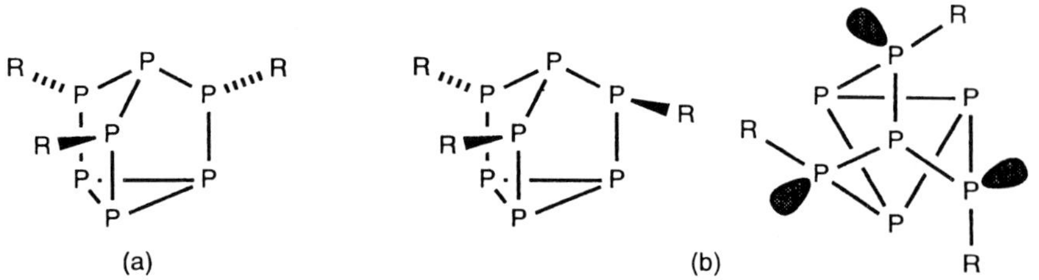

Abb. 5.17 Die beiden Konfigurationsisomere von P_7R_3; Struktur (b) ist bevorzugt. Die Substituenten sind hier in Form eines Schaufelrades angeordnet, so daß sich die nichtbindenden Elektronenpaare (zu sehen in der in die Ebene projizierten Darstellung von (b), rechts) soweit wie möglich voneinander entfernt befinden.

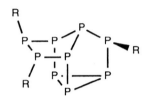

Abb. 5.18 Struktur von P_9R_3.

Zur Synthese von cyclischen Polyphosphanen P_nR_m gibt es drei Möglichkeiten (Gln. 5.97 bis 5.99). Die zweite Methode liefert Produkte, deren Phosphorgehalt etwas höher ist als bei den Produkten der ersten bzw. dritten Methode. Die Produkte der Wege 1 und 3 enthalten bevorzugt 7 oder 9 Phosphoratome (P_7R_3, P_9R_3; Abb. 5.18). P_9R_3 ist aus P_7R_3 durch Ringerweiterung erhältlich: Li_3P_7 reagiert mit ClRP–PRCl (z. B. R = ^tBu), nach Behandlung mit RCl bildet sich durch Abspaltung eines letzten Fragments LiCl schließlich P_9R_3.

Phosphorhaltige Cubane

In den Abschnitten zuvor wurden bereits einige phosphorhaltige Cubane erwähnt, darunter [$^tBuAlP(SiPh_3)$]$_4$ und $Cp^*_2Ti_2P_6$. Zur Erklärung des Mechanismus der Bildung von Cubanen aus Gruppe 14 (z. B. [GeN^tBu]$_4$, Gl. 5.87) scheint die Annahme einer Zwischenstufe {ENR} vernünftig; dieses kann jedoch nicht isoliert werden. Andererseits wird das Phosphacuban [^tBuCP]$_4$ tatsächlich aus Monomer-Einheiten $^tBuC\equiv P$ gebildet. Erhitzt man $^tBuC\equiv P$ 65 Stunden lang auf 130 °C, findet eine schrittweise Cyclotetramerisierung statt (Abb. 5.19). Eine geeignetere Methode zur Gewinnung von [^tBuCP]$_4$ ist die Umsetzung von $Cp_2Zr(^tBuC)_2P_2$ (Abb. 5.20) mit C_2Cl_6; das Zirkonium-Fragment wird entfernt und das Fragment {C_2P_2} entsteht, welches rasch dimerisiert. [^tBuCP]$_4$ ist ein gelber, an der Luft stabiler kristalliner Feststoff.

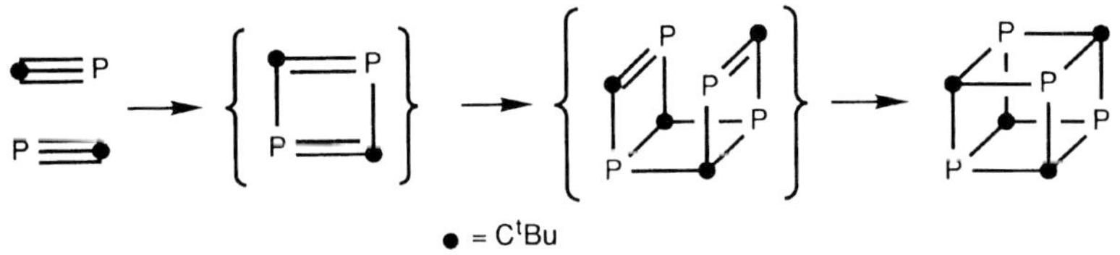

Abb. 5.19 Cyclotetramerisierung von tBuCP.

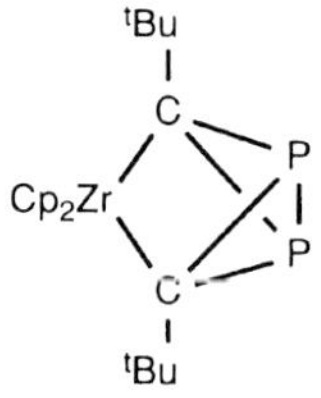

Abb. 5.20 $Cp_2Zr(^tBuC)_2P_2$

Phosphorhaltige Cluster vom Adamantan-Typ

Eine Vielzahl verschiedener phosphorhaltiger Cluster besitzt eine adamantanähnliche Struktur (Abb. 3.36). In Abschnitt 5.10 wurde bereits die Synthese gemischter P–Ge und P–Sn-Cluster diskutiert. In der Regel nehmen Phosphoratome diejenigen Positionen ein, die (im Hinblick auf die Gerüstbindung) dreifach koordiniert sind. Das bedeutet: Summenformeln derartiger Verbindungen sind P_4Y_6 (an jedem P-Atom befindet sich ein nichtbindendes Elektronenpaar) oder P_4Y_{10} (an jedem P-Atom befindet sich ein *exo*-Substituent).

Bei der Umsetzung von PCl_3 mit $MeNH_2$ im Überschuß wird HCl eliminiert, es bildet sich $P_4(NMe)_6$. Das Anion $[P_4N_{10}]^{10-}$ (isoelektronisch mit P_4O_{10}) wurde in Form seines Decalithiumsalzes isoliert (Gln. 5.100 bis 5.102).

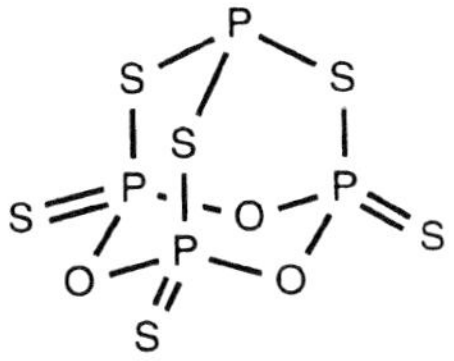

$$4\ P_3N_5 + 10\ Li_3N \xrightarrow[720°C]{\text{in fester Phase bei}} 3\ Li_{10}[P_4N_{10}] \qquad \text{Gl. 5.100}$$

$$4\ LiPN_2 + 2\ Li_3N \xrightarrow[700°C]{\text{in fester Phase bei}} Li_{10}[P_4N_{10}] \qquad \text{Gl. 5.101}$$

$$10\ Li_7PN_4 + 6\ P_3N_5 \xrightarrow[630°C]{\text{in fester Phase bei}} 7\ Li_{10}[P_4N_{10}] \qquad \text{Gl. 5.102}$$

Abb. 5.21 $P_4O_3S_6$.

Das neutrale Sulfid P_4S_{10} wird gebildet, wenn man roten Phosphor mit Schwefel auf 350-400 °C erhitzt. P_4S_{10} zersetzt sich in Wasser und dissoziiert am Siedepunkt (514 °C) in Schwefel, P_4S_7 und P_4S_3. Beim Erhitzen einer Mischung von P_4O_{10} und P_4S_{10} entsteht $P_4O_3S_6$ (Abb. 5.21). Abb. 5.22 zeigt synthetische Wege zu Phosphorsulfiden. Welches Produktgemisch man durch Erhitzen von Mischungen aus elementarem Phosphor und Schwefel erhält, hängt vom Mengenverhältnis der eingesetzten Reaktanten ab. Ein für Umwandlungen zwischen Phosphorsulfiden wichtiges Reagens ist PPh_3. Es wird aufgrund seiner desulfurierenden Eigenschaften zum schrittweisen Abbau vom Clustern (z. B. P_4S_7 zu P_4S_6 oder P_4S_5) verwendet. Erhitzen vom rotem Phosphor mit Selen liefert das Selenid P_4Se_3, welches sich an der Luft unter Freisetzung von H_2Se zersetzt. Weiteres Erhitzen von P_4Se_3 mit Selen führt zu P_4Se_4 (bei 250-300 °C) und P_4Se_{10} (bei 350 °C) – letztere Verbindung ist auch direkt aus den Elementen synthetisierbar. Umsetzung von P_4Se_3 mit Brom in CS_2 liefert P_4Se_5.

Cluster vom Adamantan-Typ mit P–Si-Bindungen lassen sich in zwei Gruppen einteilen; deren Prototypen sind $P_4(SiMe_2)_6$ und $P_7(SiMe_3)_3$. Letztere Verbindung ist ein Abkömmling der bereits beschriebenen Polyphosphane; sie wird aus Li_3P_7 hergestellt (Gl. 5.103) und fällt außerdem als Nebenprodukt der Synthese von $P_4(SiMe_2)_6$ aus Me_2SiCl_2 und weißem Phosphor in Gegenwart einer Na/K-Legierung an. Zur Gewinnung vom $P_4(SiMe_2)_6$ sei auch auf die Gln. 5.104 und 5.105 verwiesen. Durch Umsetzung von $P_7(SiMe_3)_3$ mit Me_3ECl (E = Ge, Sn oder Pb) lassen sich die *exo*-Silylgruppen gegen entsprechende Reste $GeMe_3$, $SnMe_3$ bzw. $PbMe_3$ austauschen.

P_4S_{10} ist ein wichtiges *Thionierungsmittel*; man verwendet es zur Einführung von Schwefel in organische Moleküle (z.B. bei der Umsetzung von Amiden zu Thioamiden). Es wirkt auch desoxygenierend und wird als Ausgangsstoff zur Gewinnung von Organothiophosphor-Verbindungen eingesetzt.

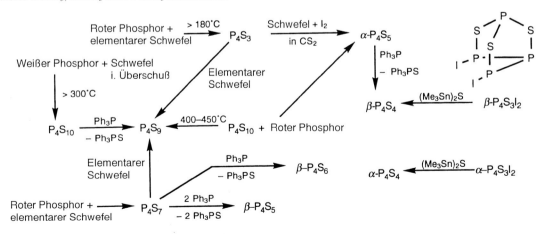

Abb. 5.22 Synthesewege zu Phosphorsulfid-Clustern.

72 *Synthesewege*

$$Li_3P_7 + 3\,Me_3SiCl \longrightarrow P_7(SiMe_3)_3 + 3\,LiCl \qquad \text{Gl. 5.103}$$

$$6\,Me_2Si(PH_2)_2 \xrightarrow[-PH_3]{\Delta} P_4(SiMe_2)_6 \qquad \text{Gl. 5.104}$$

$$5\,Na_3P + 3\,Me_3SiCl + 6\,Me_2SiCl_2 \longrightarrow P_4(SiMe_2)_6 + (Me_3Si)_3P + 15\,NaCl \qquad \text{Gl. 5.105}$$

5.12 Arsen und Antimon

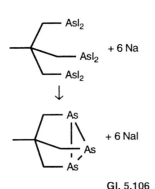

Gl. 5.106

Das Anion $[As_7]^{3-}$ – isostrukturell mit $[P_7]^{3-}$ – stellt man durch gemeinsames Erhitzen vom elementarem Arsen und Barium auf 800 °C her; es werden schwarze Kristalle von $Ba_3[As_7]_2$ gebildet. Zur Derivatisierung von $[As_7]^{3-}$ geht man am besten von Alkalimetallsalzen aus; beispielsweise läßt sich $As_7(SiMe_3)_3$ analog zu Gl. 5.103 synthetisieren. Ein Abkömmling des $[As_7]^{3-}$, $MeC(CH_2)_3As_3$, ist entsprechend Gl. 5.106 erhältlich. Bei längerem Kontakt mit dem Natrium in Reaktionsgemisch bildet sich *in situ* ein reaktives Natriumarsenid, welches sofort mit Sauerstoff weiterreagiert (bzw. Sauerstoff aus dem Lösungsmittel THF abstrahiert!) – es entsteht $MeC(CH_2)_3As_3O_3$ (Abb. 3.39). Die Umsetzung von $MeC(CH_2AsI_2)_3$ mit RNH_2 liefert $MeC(CH_2)_3As_3(NR)_3$ unter Abspaltung von HI. Die Verbindung $MeC(CH_2)_3Sb_3$ gewinnt man in einer Reaktion ähnlich Gl. 5.106.

Den Cluster As_4O_{10} vom Adamantan-Typ stellt man durch Verbrennung von α-Arsen in reinem Sauerstoff her. Dabei bildet sich auch As_4O_6 – ausschließlich das niederwertige Oxid erhält man bei Erhitzen elementaren Arsens an der Luft.

$As_4(SiMe_2)_6$ wird in einem schrittweisen Prozeß entsprechend Gl. 5.107 synthetisiert. Clustermoleküle $As_4(NR)_6$ (R = Me, ^{i}Pr, ^{n}Bu) werden aus $AsCl_3$ und dem geeigneten primären Amin hergestellt, ähnlich der Methode, die bereits zur Synthese von $P_4(NMe)_6$ vorgestellt wurde. In gleicher Weise wird auch $Sb_4(NAr)_6$ (Ar = Arylrest) durch Umsetzung von SbX_3 (X = I oder Et) mit $ArNH_2$ gewonnen.

Gl. 5.107

$$As(SiMe_3)_3 \xrightarrow[-SiMe_4]{MeLi,\,THF} LiAs(SiMe_3)_2 \xrightarrow[-LiCl]{Me_2SiCl_2} Me_2Si\begin{smallmatrix}As(SiMe_3)_2\\ \\As(SiMe_3)_2\end{smallmatrix} \xrightarrow[-As(SiMe_3)_3]{\Delta} As_4(SiMe_2)_6$$

Einen Zugang zu Arsensulfiden und -seleniden eröffnet das gemeinsame Erhitzen von elementarem Arsen und Schwefel bzw. Selen; dabei wird jeweils As_4E_3 (E = S oder Se) gebildet. Vom As_4S_3 gelangt man durch Umsetzung mit AsI_3 zu As_4S_4, wobei – je nach Reinigungsmethode – die α- oder β-Modifikation des Produktes entsteht. Die Synthesestrategien, die hier angewendet werden, haben mit denen der Phosphorsulfidchemie allerdings *nichts* gemeinsam.

5.13 Bismut

Reduziert man $BiCl_3$ mit elementarem Bismut bei 250-270 °C (in der Schmelze) in Gegenwart einer Lewis-Säure (wie $AlCl_3$) und $MAlCl_4$ (M = Na oder K), so entsteht der kleinste kationische Cluster des Bismuts – $[Bi_5]^{3+}$. Man isoliert ihn in Form seines $[AlCl_4]^-$-Salzes. Als Nebenprodukt bildet sich $[Bi_8]^{2+}$ – durch Variation der Stöchiometrie des Reaktionsgemischs kann man erreichen, daß dies zum bevorzugten Produkt wird. Gl. 5.108 zeigt eine alternative Synthese von $[Bi_5]^{3+}$; die Gln. 5.109 und 5.110 geben Synthesewege zum $[Bi_9]^{5+}$ an, auch hier finden die Reaktionen in der Schmelze statt.

$$Bi + AsF_5 \xrightarrow{\text{flüss. SO}_2} [Bi_5][AsF_6]_3 + AsF_3 + \text{andere Produkte} \qquad \text{Gl. 5.108}$$

$$28\,BiCl_3 + 44\,Bi \xrightarrow[\approx 300°C]{\text{KCl–BiCl}_3\ \text{Lösungen}} 3\,Bi_{24}Cl_{28} = [Bi_9^{5+}]_2[BiCl_5^{2-}]_4[Bi_2Cl_8^{2-}] \qquad \text{Gl. 5.109}$$

$$2\,BiCl_3 + 3\,HfCl_4 + 8\,Bi \xrightarrow{450°C} [Bi_9^{5+}][Bi^+][HfCl_6^{2-}]_3 \qquad \text{Gl. 5.110}$$

5.14 Schwefel, Selen und Tellur

S_4N_4 und verwandte Verbindungen

Tetraschwefel-tetranitrid, S_4N_4, wird aus S_2Cl_2 hergestellt (Gln. 5.111 und 5.112) und sollte mit Vorsicht behandelt werden: bei Erhitzen oder Schlageinwirkung explodiert die Verbindung, besonders, wenn es sich um reine Proben handelt. Se_4N_4 – ein orangefarbener, hygroskopischer und wie S_4N_4 explosiver Feststoff – entsteht durch Umsetzung von $SeCl_4$ oder $(Et_2O)_2SeO$ mit Ammoniak.

$$6\,S_2Cl_2 + 16\,NH_3 \xrightarrow{50°C} S_4N_4 + 8\,S + 12\,NH_4Cl \qquad \text{Gl. 5.111}$$

$$6\,S_2Cl_2 + 4\,NH_4Cl \xrightarrow{160°C} S_4N_4 + 8\,S + 16\,HCl \qquad \text{Gl. 5.112}$$

Den Cluster As_4S_4 haben wir schon in Abschnitt 5.12 kurz erwähnt; aus As_4S_3 kann α- oder β-As_4S_4 gebildet werden (siehe oben). α-As_4S_4 kommt als Mineral *Realgar* vor und wandelt sich bei 270 °C in β-As_4S_4 um. Erhitzt man Arsen und Schwefel gemeinsam auf 500-600 °C und kühlt das Produkt schnell ab, so entsteht ausschließlich die β-Modifikation. Pyrolyse der elementaren Bestandteile bei 500 °C liefert schwarze Kristalle von As_4Se_4. Das Produkt muß auf 250 °C abgeschreckt werden, da bei 264 °C Zersetzung zu As_2Se_3 erfolgt.

Cyclische Schwefel-, Selen- und Tellur-Kationen

Durch Oxidation von Schwefel, Selen oder Tellur mit Arsen- oder Antimon-Pentafluoriden entstehen kationische Spezies (Gln. 5.113 bis 5.115). In Wirklichkeit handelt es sich hierbei um mono- oder bicyclische Ringe; trotzdem werden die Verbindungen zuweilen als Cluster aufgefaßt. $[Te_6]^{4+}$ jedoch ist ein „echter" Cluster, der entsprechend Gl. 5.116 hergestellt werden kann.

AsF_5 und SbF_5 wirken als Oxidationsmittel und Halogenidacceptoren.
Reduktion:
$AsF_5 + 2e^- \rightarrow AsF_3 + 2F^-$
$SbF_5 + 2e^- \rightarrow SbF_3 + 2F^-$
Halogenidacceptor:
$AsF_5 + F^- \rightarrow [AsF_6]^-$
$SbF_5 + F^- \rightarrow [SbF_6]^-$
$SbF_5 + SbF_6^- \rightarrow [Sb_2F_{11}]^-$

$$S_8 + 3\,AsF_5 \longrightarrow [S_8][AsF_6]_2 + AsF_3 \qquad \text{Gl. 5.113}$$

$$Se_8 + 5\,SbF_5 \xrightarrow{SO_2,\ -23°C} [Se_8][Sb_2F_{11}]_2 + SbF_3 \qquad \text{Gl. 5.114}$$

$$Se_8 + 6\,AsF_5 \xrightarrow{SO_2,\ 8°C} 2\,[Se_4][AsF_6]_2 + 2\,AsF_3 \qquad \text{Gl. 5.115}$$

$$6\,Te + 6\,AsF_5 \xrightarrow[-196°C]{AsF_3\ \text{oder}\ SO_2} [Te_6][AsF_6]_4 + 2\,AsF_3 \qquad \text{Gl. 5.116}$$

6 Reaktivität

6.1 Einleitung

Viele Cluster aus Hauptgruppenelementen wurden bisher synthetisiert und in ihrer Struktur aufgeklärt; über ihre Reaktivität weiß man jedoch vergleichsweise wenig. Im folgenden Kapitel wenden wir uns denjenigen Gruppen von p-Block-Elementclustern zu, für die bereits Untersuchungen der Reaktivität vorliegen. Es werden nur einige ausgewählte Ergebnisse zur Sprache kommen, die Ihnen vor allem einen Überblick über typische chemische Eigenschaften von Clusterverbindungen verschaffen sollen.

6.2 Boran-Cluster

Einige Aspekte der Reaktivität von Boran-Clustern wurden bereits im Zusammenhang mit ihrer Synthese angesprochen (Kapitel 5) – dazu gehören die Gerüsterweiterung, -verknüpfung, -verschmelzung und die Einführung von Heteroatomen, die selbst zum p-Block gehören. Eine vollständige Diskussion der Reaktivität aller bekannten Borane würde den Rahmen dieses Buches sprengen; so werden wir uns auf typische Reaktionen von Vertretern der *closo*-, *nido*- und *arachno*-Borane sowie der Hydroborat-Anionen beschränken.

Closo-Hydroborat-Dianionen

Eine B–H-Bindung wird hydrolysiert entsprechend:

B–H + H$_2$O $\rightarrow$ B–O–H + H$_2$

In [B$_6$H$_6$]$^{2-}$ und [B$_{12}$H$_{12}$]$^{2-}$ sind alle Gerüst-Boratome äquivalent. Dagegen gibt es in allen anderen *closo*-Hydroboraten mindestens zwei Gerüstpositionen, die sich in der Koordinationszahl von den übrigen unterscheiden (siehe Abb. 3.1).

Von die Dianionen der Serie *closo*-[B$_n$H$_n$]$^{2-}$ (n = 6 bis 12) fanden die Spezies [B$_{10}$H$_{10}$]$^{2-}$ und [B$_{12}$H$_{12}$]$^{2-}$ bisher die größte Beachtung. Sie sind – abgesehen von [B$_6$H$_6$]$^{2-}$ – die thermisch beständigsten Vertreter dieser Reihe; allerdings hängt die Stabilität auch entscheidend vom Gegen-Ion ab. Ag$_2$[B$_6$H$_6$] detoniert beim Erhitzen; Cs$_2$[B$_6$H$_6$] hingegen ist stabil bis etwa 600 °C. Sowohl [B$_{10}$H$_{10}$]$^{2-}$ als auch [B$_{12}$H$_{12}$]$^{2-}$ sind hydrolyseresistent und in wäßrig-sauren bzw. -alkalischen Lösungen kinetisch inert. Die kleineren *closo*-Hydroborat-Dianionen sind wesentlich hydrolyseempfindlicher und auch leichter oxidierbar als [B$_{10}$H$_{10}$]$^{2-}$ und [B$_{12}$H$_{12}$]$^{2-}$.

Bedenkt man die delokalisierte Bindung in Boranclustern (siehe Abschnitt 4.6), überrascht es nicht, daß *closo*-Hydroborat-Dianionen eine in gewisser Weise ähnliche Reaktivität wie aromatische organische Moleküle zeigen; typisch sind beispielsweise elektrophile Substitutionen. Im ikosaedrischen [B$_{12}$H$_{12}$]$^{2-}$ sind alle Boratome äquivalent, die Gerüstelektronen sind gleichmäßig über den B$_{12}$-Cluster verteilt. [B$_{12}$H$_{12}$]$^{2-}$ ähnelt in seinem chemischen Verhalten dem Benzol. Bei elektrophilen Substitutionen von [B$_{12}$H$_{12}$]$^{2-}$ kann es keine Bevorzugung bestimmter Angriffspositionen geben – alle Boratome sind äquivalent. Dagegen tragen in [B$_{10}$H$_{10}$]$^{2-}$ die Boratome an den Spitzen (Positionen 1 und 10 in Abb. 6.1) eine höhere negative Partialladung als die 8 äquatorialen Boratome, folglich werden elektrophile Angriffe bevorzugt an den Positionen 1 und 10 stattfinden.

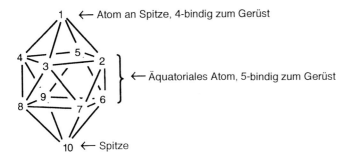

Abb. 6.1 Numerierung der Gerüstatome in $[B_{10}H_{10}]^{2-}$.

Die Nettoladung jedes Boratoms im Gerüst eines *closo*-Hydroborat-Clusters hängt von seiner Koordinationszahl ab; an Positionen niedriger Koordinationszahl ist die negative Partialladung höher als an Positionen mit niedriger Koordinationszahl.

Abb. 6.2 enthält eine Zusammenfassung wichtiger Reaktionen des $[B_{12}H_{12}]^{2-}$. Ein zweifach substituiertes Reaktionsprodukt kann in drei isomeren Formen (1,2-, 1,7- und 1,12-Isomer) vorliegen, obwohl in einer bestimmten Reaktion nicht immer alle drei Spezies entstehen müssen. Durch Carbonylierung erhält man ein Gemisch aus 1,7- und 1,12-$(CO)_2B_{12}H_{10}$; in Gegenwart eines Dicobalt-octacarbonyl-Katalysators wird jedoch das 1,12-Isomer bevorzugt gebildet. Das Anion $[B_{12}H_{12}]^{2-}$ reagiert mit einer Reihe von Basen (z. B. Nitrile, Nitrobenzol, Sulfone, Sulfonamide), allerdings nur in stark saurem Medium. Die Stabilität des Clusters ist auf seine Resistenz gegen Oxidation zurückzuführen; in Acetonitril kann man jedoch durch elektrochemische Oxidation die Spezies $[B_{24}H_{23}]^{3-}$ erhalten.

Die **Koordinationszahl** eines Atoms innerhalb eines Clusters entspricht der Anzahl der unmittelbar benachbarten *Cluster*-Atome.

Zur Erinnerung: Substituenten am Grundgerüst stören die Ladungsverteilung innerhalb des Clusters.

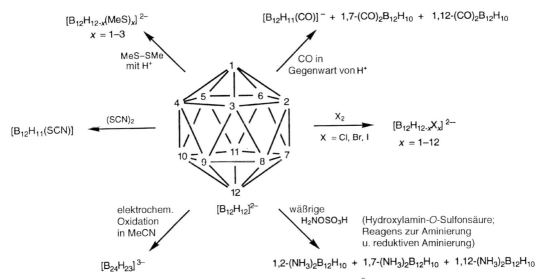

Abb. 6.2 Ausgewählte Reaktionen des *closo*-Hydroborat-Dianions $[B_{12}H_{12}]^{2-}$.

In einigen Fällen zeigen $[B_{12}H_{12}]^{2-}$ und $[B_{10}H_{10}]^{2-}$ ähnliche chemische Eigenschaften. Letztere Verbindung kann nicht nucleophil angegriffen werden, ist jedoch gegenüber Elektrophilen recht reaktiv. Sowohl $[B_{10}H_{10}]^{2-}$ als auch $[B_{12}H_{12}]^{2-}$ können in wäßriger oder alkoholischer Lösung mit Cl_2, Br_2 oder I_2 direkt halogeniert werden. Es entstehen $[B_{10}H_{10-x}X_x]^{2-}$ ($x = 1$ bis 10) bzw. $[B_{12}H_{12-x}X_x]^{2-}$ ($x = 1$ bis 12), wobei die Geschwindigkeit in der Reihenfolge Cl > Br > I sowie mit steigendem x abnimmt.

76 *Reaktivität*

Indirekt können Addukte zwischen $[B_{10}H_{10}]^{2-}$ und Lewis-Basen gebildet werden. Ein Beispiel ist $1,10-(CO)_2B_{10}H_8$ – man gewinnt es über das Diazo-Derivat $1,10-(N_2)_2B_{10}H_8$ (Gl. 6.1). Hier wurden zwei Hydrid-Liganden H^- formal durch zwei Mol molekularen Stickstoffs ersetzt. Das Stickstoffmolekül ist als hervorragende Abgangsgruppe bekannt – in unserem Fall wird N_2 durch CO verdrängt. $1,10-(CO)_2B_{10}H_8$ wird in wäßriger Lösung entsprechend Gl. 6.2 hydroxyliert. Ausgehend von $1,10-(N_2)_2B_{10}H_8$ läßt sich eine ganze Reihe weiterer Verbindungen herstellen; das Molekül reagiert mit Ammoniak, Azid-Ionen, Nitrilen und Hydroxid-Ionen unter Bildung von $B_{10}H_8L_2$ (L = Nucleophil).

$$[B_{10}H_{10}]^{2-} \xrightarrow[\text{2. }[BH_4]^-]{\text{1. Überschuß }HNO_2} 1,10-(N_2)_2B_{10}H_8 \xrightarrow[-N_2]{CO} 1,10-(CO)_2B_{10}H_8 \qquad \text{Gl. 6.1}$$

$$1,10-(CO)_2B_{10}H_8 + 2\,H_2O \rightleftharpoons [1,10-(COOH)_2B_{10}H_8]^{2-} + 2\,H^+ \qquad \text{Gl. 6.2}$$

Neutrale *nido*-Borane: B_5H_9 und $B_{10}H_{14}$

Die vollständige Hydrolyse eines Boran-Clusters kann man analytisch ausnutzen: Aus der Anzahl der pro Mol Boran entstehenden Mole H_2 kann man die Cluster-Stöchiometrie ableiten.

Zwei typische Vertreter der *nido*-Borane sind Pentaboran(9) und Decaboran(14) – ein kleiner und ein größerer Cluster. Ausgewählte, aber typische Reaktionen gibt Abb. 6.3 an.

$$B_2H_6 + 6\,H_2O \longrightarrow 2\,B(OH)_3 + 6\,H_2 \qquad \text{Gl. 6.3}$$
$$\text{Borsäure}$$

$$2\text{-MeB}_5H_8 + 14\,ROH \longrightarrow 4\,B(OR)_3 + MeB(OR)_2 + 11\,H_2 \qquad \text{Gl. 6.4}$$

Während Diboran(6) in kaltem Wasser rasch zu molekularem Wasserstoff und Borsäure hydrolysiert (Gl. 6.3), verläuft eine entsprechende Reaktion des *nido*-B_5H_9 nur langsam. In alkoholischer Lösung (ROH) läuft die Hydrolyse vollständig ab; beachten Sie, daß die Abspaltung von H_2 die Triebkraft dieser Reaktion ist. Hydrolysiert man ein organisch substituiertes Boran wie 2–MeB$_5$H$_8$, entsteht *H_2, nicht MeH* (Gl. 6.4). Die Bindung B–Me wird nicht angegriffen!

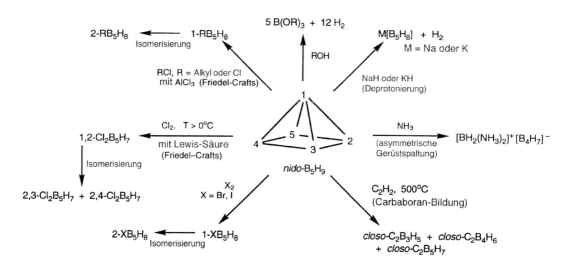

Abb. 6.3 Ausgewählte Reaktionen des *nido*-B$_5$H$_9$.

Die Deprotonierung eines *nido*-Clusters ist eine einfache, aber wichtige Reaktion. Es bilden sich anionische Hydroborat-Cluster, welche ihrerseits wertvolle Ausgangsstoffe zur metallkatalysierten Cluster-Verschmelzung (Abschnitt 5.1), Synthese von Heteroboranen (Abschnitte 5.2 und 5.3) und Metallaboranen (siehe unten) darstellen. In B_5H_9 gibt es zwei Typen von Wasserstoffatomen – terminale und Brücken-Atome. Wird B_5H_9 mit einer Base (z. B. Kaliumhydrid) behandelt, so wird ein Brücken-H-Atom abgespalten. Diese bevorzugte Entfernung eines Brücken-Protons im Vergleich zu terminalen Protonen beobachtet man allgemein bei *nido*- und *arachno*-Boranen. Zur Erklärung betrachten wir die Elektronenverteilung im Molekül (Abb. 6.4). Die Abspaltung eines terminalen Hs führt dazu, daß am Boratom ein nichtbindendes Elektronenpaar übrigbleibt, welches aus dem Gerüst herauszeigt. Die Abspaltung eines Brücken-Hs aus einer B–H–B-Bindung jedoch erlaubt nachfolgend den Aufbau einer direkten B–B-bindenden Wechselwirkung.

Bei der Deprotonierung eines *nido*- oder *arachno*-Borans wird ein Brücken-, kein terminales Wasserstoffatom abgespalten.

Alkalimetallhydride sind ausgezeichnete Deprotonierungsmittel:

$H^- + H^+ \rightarrow H_2$

Die Deprotonierung durch Abspaltung eines terminalen H-Atoms läßt ein nichtbindendes Elektronenpaar am Bor-Zentrum zurück. Nicht günstig.

Bei Deprotonierung durch Abspaltung eines Brücken-H-Atoms kann die 3-Zentren-2-Elektronen-Bindung in eine 2-Zentren-2-Elektronen-Bindung überführt werden. Bevorzugt.

Abb. 6.4 Einfluß der lokalisierten Elektronenverteilung auf die Entfernung eines terminalen bzw. Brücken-H-Atoms aus einem Boran-Cluster.

Bei der Reaktion von B_5H_9 mit Elektrophilen entstehen die an der Spitze substituierten Produkte; durch anschließende Isomerisierung werden die Substituenten an die Grundfläche verschoben. Infolge der höheren negativen Partialladung des Boratoms an der Spitze greifen Elektrophile bevorzugt diese Position an. 1-XB_5H_8 isomerisiert *ohne* Spaltung einer B–X-Bindung zu 2-XB_5H_8; Untersuchungen mit Hilfe von ^{10}B-markierten Clustern zeigten, daß sich das Gerüst selbst umordnet. Einen denkbaren Reaktionsweg unter Umklappen der Grundfläche sehen Sie in Abb. 6.5.

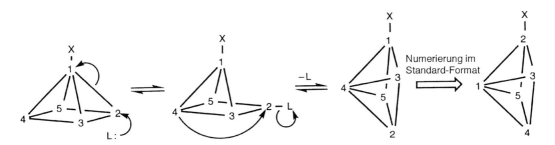

Abb. 6.5 Möglicher Mechanismus der Isomerisierung von 1-XB_5H_8 zu 2-XB_5H_8; das Umklappen der Grundfläche der Pyramide ist gut sichtbar. Die Reaktion verläuft basenkatalysiert (L = Base).

Wie bereits diskutiert, greifen Elektrophile das Pentaboran(9) bevorzugt an der Spitzenposition an; Angriffe von Lewis-Basen dagegen erfolgen an den Atomen der Grundfläche. Durch Abgabe eines nichtbindenden Elektronenpaars der Lewis-Base L kann eine B–B-Bindung gespalten (Abb. 6.5) oder eine B–H–B-Brückenwechselwirkung unterbrochen werden. Andere Borane reagie-

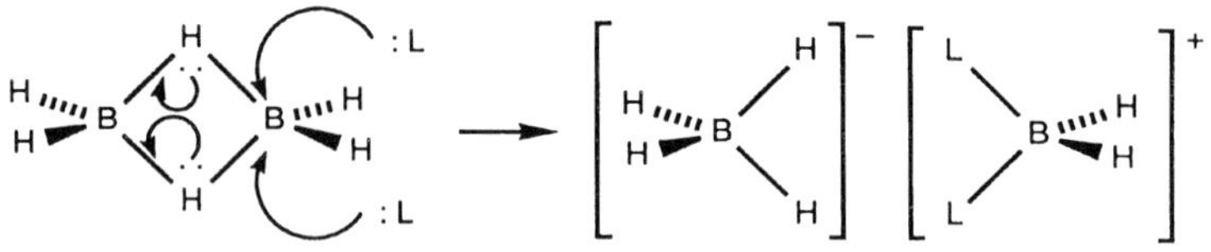

Abb. 6.6 Asymmetrische Spaltung von B_2H_6 durch sterisch wenig anspruchsvolle Lewis-Basen L. In ähnlicher Weise wird B_5H_9 durch Ammoniak asymmetrisch in $[B_4H_7]^-$ und $[(NH_3)_2BH_2]^+$ gespalten; siehe auch Abb. 6.9.

ren ähnlich; der Übersichtlichkeit halber wurde der Mechanismus in Abb. 6.6 anhand der Spaltung von B_2H_6 durch eine kleine Lewis-Base L dargestellt. Im Zuge der Reaktion werden Elektronen aus früheren 3-Zentren-2-Elektronen-Bindungen in lokalisierte terminale B–H-Bindungen eingebaut. Charakteristisches Merkmal diese *asymmetrischen Spaltung* ist die Entstehung eines 1:1-Elektrolyten.

Die Umsetzung von B_5H_9 mit Acetylen bei 500 °C liefert ein Gemisch aus *closo*-Carbaboranen; unter milden Bedingungen (200 °C) entsteht *nido*-$C_2B_4H_8$.

In $B_{10}H_{14}$ sind die Kanten B(5)–B(6), B(6)–B(7), B(8)–B(9) und B(9)–B(10) durch Wasserstoffatome überbrückt; in Abb. 6.7 finden Sie die Numerierung der Atome.

Die Reaktivität von Decaboran(14), einem Vertreter der *größeren nido*-Borane, unterscheidet sich signifikant von den Eigenschaften des B_5H_9. Abb. 6.7 faßt typische Reaktionen zusammen. $B_{10}H_{14}$ ist in wäßriger Lösung hydrolyseresistent und an der Luft stabil. Bei Behandlung mit Methanol in Gegenwart von Iod wird das Gerüst abgebaut. Wie auch im Fall des B_5H_9 wird bei der Deprotonierung von $B_{10}H_{14}$ ein H-Atom aus einer Brückenbindung abgespalten. Hydrid-Ionen können bis zu zwei Protonen abspalten; es entstehen *nido*-$[B_{10}H_{13}]^-$ bzw. *nido*-$[B_{10}H_{12}]^{2-}$.

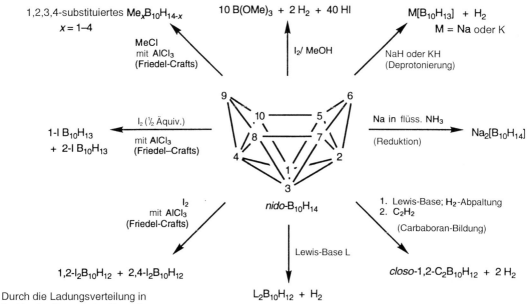

Abb. 6.7 Ausgewählte Reaktionen des *nido*-$B_{10}H_{14}$.

Durch die Ladungsverteilung in $B_{10}H_{14}$ ist die negative Partialladung der Atome 1, 2, 3 und 4 am größten; hier finden daher bevorzugt elektrophile Angriffe statt. Nucleophile Angriffe bevorzugen die Atome 6 und 9. Bedenken Sie, daß durch Anlagerung von Substituenten die Ladungsverteilung im Cluster gestört wird.

Decaboran(14) kann sowohl elektrophil als auch nucleophil substituiert werden. Durch elektrophile Friedel-Crafts-Substitution erhält man beispielsweise $Me_xB_{10}H_{14-x}$ ($x = 1$ bis 4) mit Me-Gruppen in 1-, 2-, 3-, und 4-Position. Reagiert $B_{10}H_{14}$ mit Me^- (z. B. LiMe), so entsteht $Me_xB_{10}H_{14-x}$ ($x = 1$ bis 4) mit Me-Gruppen in 5-, 6-, 8-, und 9-Position. Umsetzung von $B_{10}H_{14}$ mit der Lewis-Base Me_2S liefert das Addukt 6,9-$(Me_2S)_2B_{10}H_{12}$; die Liganden sind leicht gegen andere Lewis-Basen wie MeCN, Et₃N, Ph₃P oder Alkine auszutauschen – im letzteren Fall werden *closo*-Carborane 1,2-R₂C₂B₁₀H₁₀ gebildet. Im Gegensatz zum kleineren *nido*-Cluster B₅H₉ wird B₁₀H₁₄ durch diese Lewis-Basen *nicht* degradiert.

Das Decaboran-Gerüst läßt sich homo- oder heteronuclear erweitern. Unter milden Reaktionsbedingungen wird B₁₀H₁₄ durch [BH₄]⁻ zum entsprechenden Dianion reduziert (Gl. 6.5), bei 90 °C entsteht jedoch *nido*-[B₁₁H₁₄]⁻. Mit Hilfe von Wechselspannungsentladungen (1700 V) in einem Gemisch von B₁₀H₁₄-Dampf und gasförmigem H₂ erreicht man eine Clusterverschmelzung zum B₂₀H₁₆.

$$\text{\textit{nido}-}B_{10}H_{14} \xrightarrow{[BH_4]^-} \text{\textit{arachno}-}[B_{10}H_{14}]^{2-}$$

Gl. 6.5

Ein *arachno*-Boran: B₄H₁₀

In Abb. 6.8 sehen Sie typische Reaktionen des *arachno*-Tetraboran(10). Die kleinen *arachno*-Cluster lassen sich wesentlich leichter hydrolysieren als alle oben beschriebenen *nido*-Spezies. Wie auch im Fall der *nido*-Cluster wird bei der Deprotonierung ein Brücken-H-Atom entfernt.

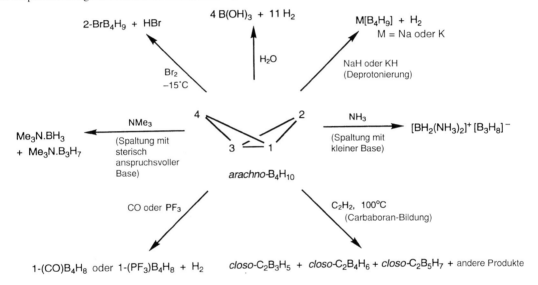

Abb. 6.8 Ausgewählte Reaktionen von *arachno*-B₄H₁₀.

Für B₄H₁₀ ist die Reaktion mit Nucleophilen besonders charakteristisch. Mit einer kleinen Base wie Ammoniak läuft ein Prozeß ähnlich dem in Abb. 6.6 ab; das Produkt ist ein 1:1-Elektrolyt. Die Schwierigkeit dieses Mechanismus besteht darin, daß zwei Moleküle der Base am selben Boratom angreifen müssen – schon bei geringfügig größeren Basen wie Trimethylamin ist dies sterisch nicht mehr möglich. Der Angriff erfolgt in diesen Fällen an zwei verschiedenen Boratomen unter Bildung neutraler Aminoboran-Addukte (Abb. 6.9).

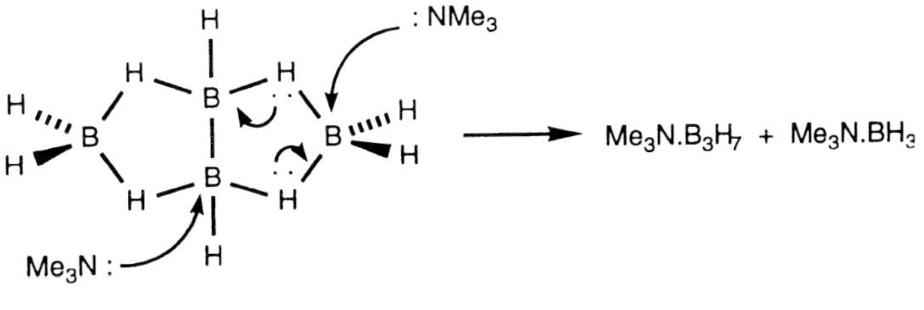

Abb. 6.9 Spaltung von B₄H₁₀ durch eine sterisch anspruchsvolle Lewis-Base. Dabei werden die Elektronen aus zwei 3-Zentren-2-Elektronen-B–H–B-Bindungen in zwei neue, lokalisierte, terminale B–H-Bindungen eingebaut.

80 *Reaktivität*

Mit π-Acceptor-Liganden wie CO oder PF$_3$ finden Substitutionsreaktionen statt. Bei Annäherung des 2-Elektronen-Donors wird molekularer Wasserstoff abgespalten, so daß im Ergebnis die Zahl der Clusterelektronen unverändert bleibt. Bei Reaktionen mit Lewis-Basen, die ein aktives Wasserstoffatom besitzen (z. B. Me$_2$NH), kann H$_2$ eliminiert, der Cluster selbst abgebaut oder ein Fragment der Base als Brücke eingebaut werden (Gl. 6.6).

$$B_4H_{10} + 2\,Me_2NH \longrightarrow 2\,[\text{Struktur}] + H_2 \qquad \text{Gl. 6.6}$$

6.3 *Nido*- und *arachno*-Hydroborat-Anionen und Carbaborat-Anionen: Ausgangsstoffe für Metallaborane und Metallacarbaborane

In Abschnitt 5.1 wurden die Reaktionen einiger *nido*- und *arachno*-Hydroborat-Anionen bereits besprochen, darunter auch ihre Verwendung als Ausgangsstoffe für größere Borane. Von Hydroborat-Anionen mit offenem Gerüst gelangt man zu Heteroboranen; Abschnitt 5.3 beschäftigte sich speziell mit dem Einbau anderer Elemente des p-Blocks. Durch Reaktion von *nido*- und *arachno*-Hydroborat-Anionen mit geeigneten Übergangsmetallfragmenten entsteht eine Reihe von Metallaboran-Clustern. Ob das Übergangsmetall dabei vollständig oder teilweise in das Clustergerüst integriert wird, hängt in erster Linie von der Vergleichbarkeit der Grenzorbitale des Metalls und des Cluster-Anions ab. So besitzt beispielsweise das Fragment {AuL}$^+$ (L = Phosphan) ein unbesetztes MO niedriger Energie mit a_1-Symmetrie und ist damit einem Proton isolobal; die Reaktion eines *nido*-Hydroborat-Monoanions mit LAuCl führt daher zu einem Auraboran, in dem das Gold(I)-phosphan-Fragment eine Brückenposition besetzt. Die Struktur des Auraborans leitet sich vom entsprechenden neutralen *nido*-Boran ab (Gl. 6.7, Abb. 6.10; vergleichen Sie die Struktur in Abb. 6.10 mit der von B$_{10}$H$_{14}$ in Abb. 3.1).

Der Begriff *Isolobalität* wird in Abschnitt 4.6 definiert.

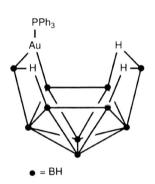

● = BH

Abb. 6.10 Struktur von B$_{10}$H$_{13}$(AuPPh$_3$).

$$\textit{nido-}[B_{10}H_{13}]^- + Ph_3PAuCl \longrightarrow \textit{nido-}B_{10}H_{13}(AuPPh_3) + Cl^- \qquad \text{Gl. 6.7}$$

Sind die Grenzorbitale eines Übergangsmetall-Fragments {ML$_x$} denen einer {BH}-Einheit vergleichbar, so sollte es möglich sein, ein {BH} Fragment eines Boran-Clusters durch {ML$_x$} zu ersetzen. Das entstehende Metallaboran sollte in seiner Struktur dem Boran ähneln, von dem ausgegangen wurde. {ML$_x$}-Fragmente können an Borane bzw. Hydroborat-Anionen auch addiert werden. Die Gln. 6.8 und 6.9 zeigen zwei vereinfachte Reaktionen – die {ML$_x$}-Einheiten bringen je zwei Valenzelektronen mit. Im ersten Fall bleibt die Struktur des *nido*-Gerüstes erhalten, da sich infolge der Substitution die Elektronenzahl im Cluster nicht ändert. Bei der Addition des Metall-Fragments im zweiten Fall muß H$_2$ eliminiert werden, um die Elektronenzahl konstantzuhalten.

$$\textit{nido-}B_nH_{n+4} + \{ML_x\} \longrightarrow \textit{nido-}B_{n-1}H_{n+3}ML_x + \{BH\} \qquad \text{Gl. 6.8}$$

$$\textit{nido-}B_nH_{n+4} + \{ML_x\} \longrightarrow \textit{closo-}B_nH_{n+2}ML_x + H_2 \qquad \text{Gl. 6.9}$$

In der Praxis laufen die Reaktionen nicht immer so unkompliziert ab, wie wir es uns in der Theorie vorstellen. So können während des Prozesses H$_2$ oder Liganden abgespalten werden, wodurch sich die Elektronenzahl ändert. Beispiele sehen Sie in den Gln. 6.10 bis 6.12. In Gl. 6.10 tritt ein Fe(II)-Zentrum in Wechselwirkung mit der pentagonalen offenen Seite eines *nido*-[C$_2$B$_9$H$_{11}$]$^{2-}$-Clusters; es entsteht ein geschlossenes Gerüst mit FeC$_2$B$_9$-Kern. Im Ergebnis erhält man einen *commo*-Cluster; vergleichen Sie Gl. 6.10 mit Gl. 6.34 und die Struktur des *commo*-Clusters mit der von Ferrocen, Abb. 6.11! Eine ähnliche Reaktion findet zwischen *nido*-[B$_{11}$H$_{13}$]$^{2-}$ und (η^5-C$_5$H$_5$)$_2$Ni statt (Gl. 6.11). Das Fragment {(η^5-C$_5$H$_5$)Ni} bringt hier 3 Elektronen in die Clusterbindung ein. Durch Eliminierung von H$_2$ wird eine für ein *closo*-Gerüst geeignete Zahl von Clusterelektronen aufrechterhalten. Setzt man *nido*-[B$_5$H$_8$]$^-$ mit *trans*-Ir(PPh$_3$)$_2$(CO)Cl um, wird das Chlorid-Ion abgespalten und das Fragment {Ir(PPh$_3$)$_2$(CO)}$^+$ an das Hydroborat-Anion addiert, diesmal *ohne* H$_2$-Eliminierung (Gl. 6.12). Da {Ir(PPh$_3$)$_2$(CO)}$^+$ zwei Elektronen in die Clusterbindung einbringt, bleibt das Produkt eine *nido*-Struktur; während [B$_5$H$_8$]$^-$ quadratisch-pyramidal aufgebaut ist, ist das Iridaboran eine pentagonale Pyramide.

Wie man die Anzahl der Elektronen feststellt, die ein bestimmtes Fragment in die Clusterbindung einbringt, können Sie in Abschnitt 4.6. nachlesen.

Die Ableitung der äußeren Form eines Clusters wird in Abschnitt 4.6 beschrieben.

nido-[C$_2$B$_9$H$_{11}$]$^{2-}$ + FeCl$_2$ $\xrightarrow{-2\,Cl^-}$ [*commo*-3,3'-Fe(3-Fe-1,2-C$_2$B$_9$H$_{11}$)$_2$]$^{2-}$ Gl. 6.10

nido-[B$_{11}$H$_{13}$]$^{2-}$ + (η^5-C$_5$H$_5$)$_2$Ni $\xrightarrow[-H_2]{MeCN,\,Na/Hg}$ *nido*-[1-(η^5-C$_5$H$_5$)NiB$_{11}$H$_{11}$]$^-$ Gl. 6.11

nido-[B$_5$H$_8$]$^-$ + *trans*-Ir(PPh$_3$)$_2$(CO)(Cl) $\xrightarrow{-Cl^-}$ *nido*-2-Ir(PPh$_3$)$_2$(CO)B$_5$H$_8$ Gl. 6.12

Die *nido*-Cluster 2,3-R$_2$-2,3-C$_2$B$_4$H$_6$ (R = H, Alkyl- oder Arylrest, SiMe$_3$) werden zum Aufbau einer Reihe von Stapelverbindungen verwendet, die mit den Sandwich-Verbindungen der Organometallchemie verglichen werden können. So liefert die Reaktion in Abb. 6.11a ein Carbaboran mit aufgesetztem {CpCo}-Fragment. Geht man streng nach der Polyederskelett-Elektronenpaar-Theorie vor, muß man das Produkt als *closo*-Cobaltacarbaboran auffassen; einleuchtender ist jedoch der Vergleich mit Ferrocen (Abb. 6.11b). Die offene Seite des C$_2$B$_4$-Gerüsts und der Cyclopentadienyl-Ring ähneln einander hinsichtlich ihrer Grenzorbitale – so wird das Carbaborat-Anion wie ein organischer η^5-C$_5$H$_5$-π-Ligand eingebaut. Diese Überlegungen treffen für das oben beschriebene [C$_2$B$_9$H$_{11}$]$^{2-}$-Anion gleichermaßen zu.

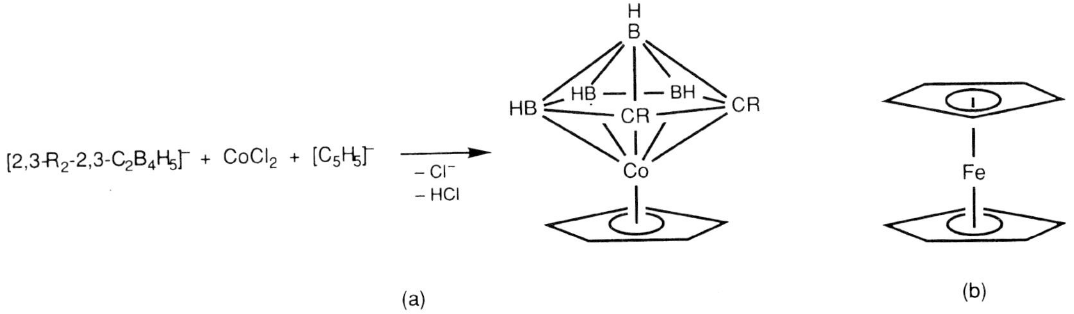

Abb. 6.11 (a) Entstehung eines *closo*-Metallacarborans durch Aufsetzen eines Metallfragments auf ein *nido*-Carbaborat-Anion. Das Produkt kann mit organometallischen π-Komplexen wie Ferrocen (b) verglichen werden.

82 *Reaktivität*

[(η^6-C$_6$H$_6$)RuCl$_2$]$_2$ ist eine Quelle für Fragmente {Ru(η^6-C$_6$H$_6$)$^{2+}$}.

Deprotonierung von *nido*-2,3-(SiMe$_3$)$_2$-2,3-C$_2$B$_4$H$_6$ mit ^{n}BuLi im Überschuß liefert das Dianion [*nido*-2,3-(SiMe$_3$)$_2$-2,3-C$_2$B$_4$H$_4$]$^{2-}$. Durch Zugabe eines halben Äquivalents [(η^6-C$_6$H$_6$)RuCl$_2$]$_2$ wird auf die offene Seite des Clusters ein Ruthenium-Fragment aufgesetzt (Abb. 6.12). Es läßt sich nun die {BH}-Einheit an der gegenüberliegenden Spitze entfernen und hier anschließend ein zweites Ru-Fragment einbauen, so daß eine doppelte Stapelverbindung entsteht. Diese Art schrittweiser Reaktionen ist allgemeine Strategie der Herstellung solcher Systeme.

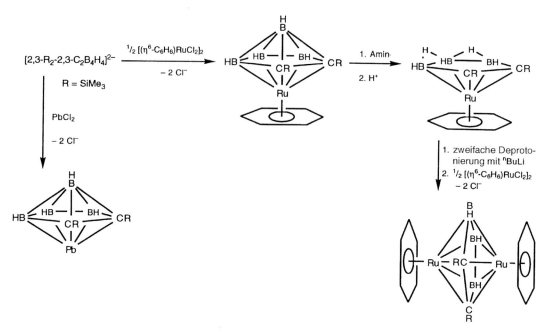

Abb. 6.12 Bildung von *closo*-Metallacarbaboranen aus [*nido*-2,3-R$_2$-2,3-C$_2$B$_4$H$_4$]$^{2-}$ (R = SiMe$_3$). Diese Reaktionsfolge läßt sich fortsetzen, so daß Produkte mit mehrfach übereinandergestapelten Ringeinheiten entstehen.

6.4 Das Carbaboran C$_2$B$_{10}$H$_{12}$

Im vorangegangenen Kapitel wurde die Verwendung von *nido*-[1,2-C$_2$B$_9$H$_{11}$]$^{2-}$ als Ausgangsstoff für die Herstellung von Metallacarbaboranen beschrieben.

Das bisher am ausführlichsten untersuchte Carbaboran ist C$_2$B$_{10}$H$_{12}$ (isoelektronisch mit [B$_{12}$H$_{12}$]$^{2-}$). Einem der drei Isomere (Abb. 3.6), 1,2-C$_2$B$_{10}$H$_{12}$, wurde besondere Aufmerksamkeit gewidmet. 1,2-C$_2$B$_{10}$H$_{12}$ hat, ähnlich wie [B$_{12}$H$_{12}$]$^{2-}$, pseudoaromatische Eigenschaften. Es ist durch Oxidationsmittel, Alkohole und starke Säuren praktisch nicht angreifbar sowie thermisch stabil bis 400 °C. In Abb. 6.13 sehen Sie ausgewählte Reaktionen des 1,2-C$_2$B$_{10}$H$_{12}$. Bei elektrophilen Substitutionen an Boratomen wird das Gerüst nicht zerstört. Mit Hilfe des Methoxid-Ions in Methanol kann man 1,2-C$_2$B$_{10}$H$_{12}$ jedoch selektiv – durch Verdrängung einer Bor-Ecke – degradieren. Diese Reaktion eröffnet einen Zugang zum *nido*-[1,2-C$_2$B$_9$H$_{12}$]$^{2-}$-Anion und, nach Deprotonierung, zum *nido*-[1,2-C$_2$B$_9$H$_{11}$]$^{2-}$ (Abb. 6.13).

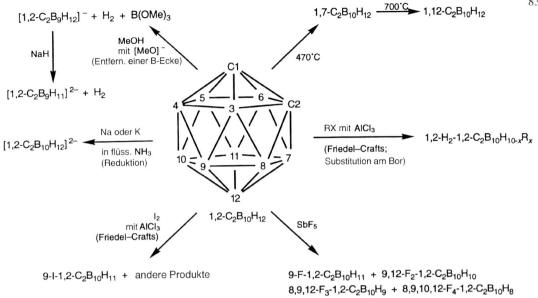

Abb. 6.13 Ausgewählte Reaktionen des *closo*-1,2-$C_2B_{10}H_{12}$.

Die Protonen der C_2-Einheit von 1,2-$C_2B_{10}H_{12}$ haben saure Eigenschaften; man nutzt dies in Metallierungsreaktionen entsprechend Gl. 6.13 aus. Ausgehend von lithiierten Derivaten lassen sich *C*-substituierte Verbindungen darstellen.

1,2-$C_2B_{10}H_{12}$ + 2 RLi ⟶ 1,2-Li_2-1,2-$C_2B_{10}H_{10}$ + 2 RH	Gl. 6.13
2 1-Li-1,2-$C_2B_{10}H_{11}$ ⇌ 1,2-Li_2-1,2-$C_2B_{10}H_{10}$ + 1,2-$C_2B_{10}H_{12}$	Gl. 6.14

Der mono-lithiierte Cluster läßt sich nur schwer isolieren; er disproportioniert (Gl. 6.14). Setzt man jedoch eine Schutzgruppe wie in Gl. 6.15 ein, kann man monosubstituierte Derivate erhalten. Der dilithiierte Cluster 1,2-Li_2-1,2-$C_2B_{10}H_{10}$ ist der Ausgangspunkt zur Gewinnung di-*C*-substituierter Carboran-Derivate. So liefert die Reaktion mit Iod 1,2-I_2-1,2-$C_2B_{10}H_{10}$, mit NOCl entsteht 1,2-$(NO)_2$-1,2-$C_2B_{10}H_{10}$. Durch kontrollierte Bromierung von 1,2-Li_2-1,2-$C_2B_{10}H_{10}$ kann man das Monobrom-Derivat herstellen. Anschließende Eliminierung von LiBr führt zu einer ungesättigten, instabilen Spezies, die sich mit Hilfe geeigneter Diene abfangen läßt.

1,2-R_2-1,2-$C_2B_{10}H_{10}$ kann man sich vorstellen als

1,2-$C_2B_{10}H_{12}$ $\xrightarrow[\text{2. }^tBuMe_2SiCl]{\text{1. }^nBuLi}$ 1-SiMe$_2^t$Bu-1,2-$C_2B_{10}H_{11}$ $\xrightarrow[\text{2. RCl}]{\text{1. }^nBuLi}$ 1-SiMe$_2^t$Bu-2-R-1,2-$C_2B_{10}H_{10}$
(Schutzgruppe einführen)   R = organ. Rest   ↓ $^nBu_4NF$ in THF (Schutzgruppe entfernen)

2-R-1,2-$C_2B_{10}H_{11}$
(Numerierung im Standardformat: 1-R-1,2-$C_2B_{10}H_{11}$)

Gl. 6.15

Durch Einbau von {1,2-C_2B_{10}}-Fragmenten in Polymergerüste verbessert sich sowohl die thermische Stabilität des Materials als auch seine Löslichkeit in organischen Lösungsmitteln. Man erhält Polymere beispielsweise durch Umsetzung geeigneter Alkine mit Decaboran(14), wobei sich *in situ* {C_2B_{10}}-Gerüste bilden. Alternativ lassen sich auch Ketten aus geeignet modifizierten Carboran-Clustern bilden (Gln. 6.16 und 6.17).

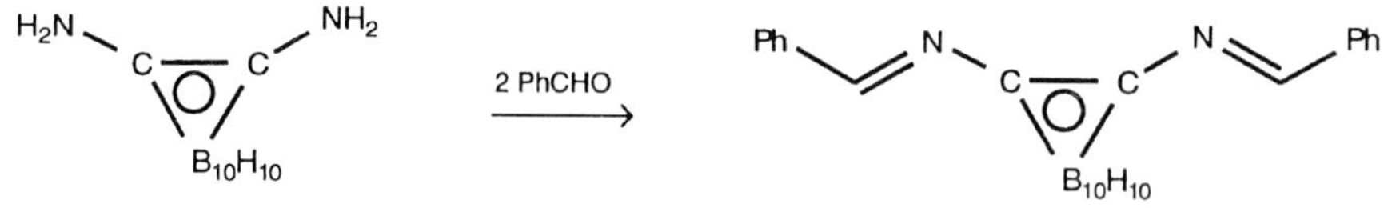

Gl. 6.16

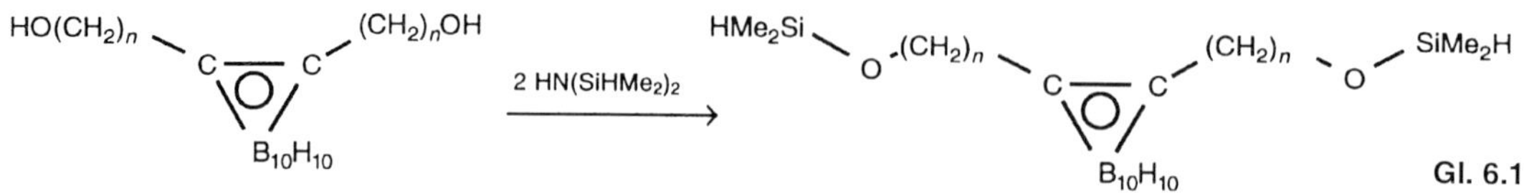

Gl. 6.17

6.5 Borhalogenid-Cluster

Das tetraedrische Molekül B_4Cl_4 ist thermisch recht stabil; einige Reaktionen sind in Abb. 6.14 zusammengefaßt. Die Halogenid-Substituenten können gegen Bromid-Ionen oder sterisch anspruchsvollere Alkylgruppen ausgetauscht werden. Bei der Umsetzung mit BBr_3 ist sorgfältig auf die Reaktionsbedingungen zu achten: ist die Temperatur zu niedrig ($T < 97$ °C), findet die Reaktion nicht statt, ist die Temperatur zu hoch ($T > 103$ °C), wird der Cluster zerstört. Der Austausch von Cl^- gegen H^- erfolgt unter Clustererweiterung. Aus B_4Cl_4 und Diboran(6) entsteht zunächst $B_6H_6Cl_4$ (strukturverwandt mit *nido*-B_6H_{10}); wird weiter B_2H_6 addiert und Cl^- durch H^- substituiert, gelangt man zu $B_{10}Cl_nH_{14-n}$ ($n = 8$-12), welches eine Struktur ähnlich $B_{10}H_{14}$ aufweist. Die Einwirkung des Reduktionsmittels Me_3SnH auf B_4Cl_4 öffnet den tetraedrischen Cluster - es entsteht B_4H_{10} mit *butterfly*-Struktur.

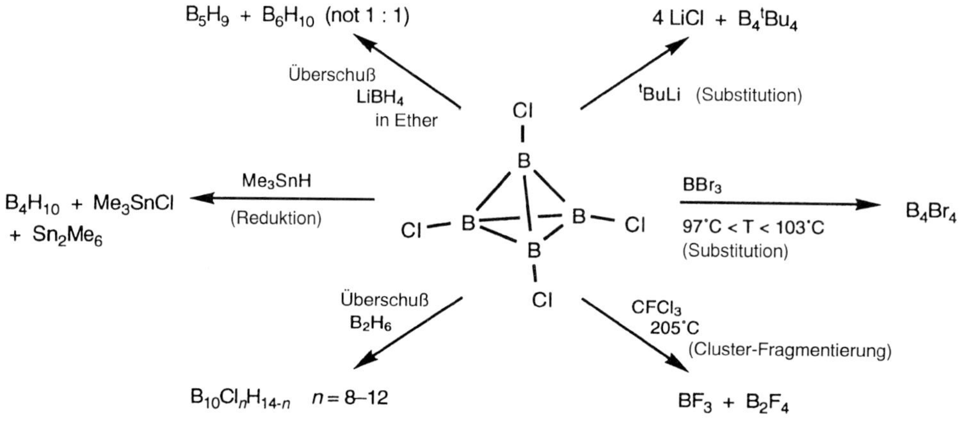

Abb. 6.14 Reaktionen des B_4Cl_4.

Eine Reihe von Reagenzien bewirken die Fragmentierung von B_4Cl_4 in Mono- und Diborspezies. Bei Reaktion mit $CFCl_3$ (Abb. 6.14) findet gleichzeitig ein Austausch von Chlorid- gegen Fluoridsubstituenten statt. Setzt man B_4Cl_4 mit Me_2NH um, entstehen analog $(Me_2N)_2BCl$ und $B_2(NMe_2)_2Cl_2$ sowie das Addukt $B_2Cl_4 \cdot 2HNMe_2$.

Bei den meisten Reaktionen von B_8Cl_8 wird das B_8-Gerüst dieser Verbindung erweitert. Eine Ausnahme bildet die Bromierung (Gl. 6.18). Reaktion von B_8Cl_8 mit H_2 oder Diboran(6) bei Zimmertemperatur liefert $B_9Cl_{9-n}H_n$ ($n = 0$ bis 2); mit $AlMe_3$ entsteht $B_9Cl_{9-n}Me_n$ ($n = 0$ bis 4). Mit ^tBuLi erfolgt ein Substituentenaustausch, es bilden sich sowohl $B_9{}^tBu_9$ als auch die reduzierte Spezies $[B_9{}^tBu_9]^{2-}$. Diese Clustererweiterung ist möglicherweise auf die Disproportionierung entsprechend Gl. 6.19 zurückzuführen, die B_7-Spezies sind nicht stabil. Auch bei Reaktionen von $B_{10}H_{10}$ (und in ähnlicher Weise von $B_{11}H_{11}$) entstehen bevorzugt Produkte mit B_9-Gerüst (Gln. 6.20 bis 6.22).

$$B_8Cl_8 \xrightarrow[\text{(Friedel–Crafts)}]{BBr_3 \text{ mit } AlCl_3} B_8Br_8 \qquad \text{Gl. 6.18}$$

$$2\,B_8X_8 \longrightarrow \{B_7X_7\} + B_9X_9 \qquad \text{Gl. 6.19}$$

$$B_{10}Cl_{10} \xrightarrow{Br_2 \text{ oder } I_2, 135°C} B_9X_9 \quad (X = Br \text{ oder } I) \qquad \text{Gl. 6.20}$$

$$B_{10}Cl_{10} \xrightarrow{BBr_3, 200°C} B_9Br_9 \qquad \text{Gl. 6.21}$$

$$B_{10}Cl_{10} \xrightarrow{H_2, 150°C} B_9Cl_8H \qquad \text{Gl. 6.22}$$

$$B_9Br_9 \xrightarrow{SnMe_4} B_9Br_{9-n}Me_n \quad (n = 1\text{-}9) \qquad \text{Gl. 6.23}$$

Aus der Reihe der Cluster B_nX_n ist B_9Cl_9 der thermisch beständigste Vertreter; B_9Cl_9 ist ausgesprochen reaktionsträge. Durch Umsetzung mit geschmolzenem $AlBr_3$ findet ein Halogenidaustausch statt. Im Gegensatz zu B_8Cl_8 reagiert B_9Cl_9 auch nicht mit molekularem Wasserstoff. Alkylderivate des B_9-Grundgerüsts lassen sich ausgehend von B_9Br_9 (Gl. 6.23) oder B_8Cl_8 (siehe oben) synthetisieren. Durch Umsetzung von B_9Br_9 mit $TiCl_4$ bei 250 °C kann man die Bromid- gegen Chloridgruppen substituieren.

6.6 Iminoalane und verwandte Cluster

Iminoalane (Abb. 3.14 und 3.15) sind luftempfindlich und werden in Wasser rasch hydrolysiert. Die exocyclischen Wasserstoffatome von Clustern des allgemeinen Typs $[HAlNR]_n$ kann man durch Halogen-Atome ersetzen (Gln. 6.24 bis 6.26). Die aufgeführten Reaktionen verlaufen unter Spaltung des Grundgerüsts; dies ist allerdings nicht generell der Fall. In der Reaktion von $[HAlN^iPr]_6$ mit HCl oder $HgCl_2$ entsteht *nicht* $[ClAlN^iPr]_6$, sondern ein anderes Iminoalan; Umsetzung von $[HAlN^nPr]_8$ mit $TiCl_4$ liefert neben $[ClAlN^nPr]_8$ auch $[ClAlN^nPr]_6$ und $[ClAlN^nPr]_{10}$.

$$[HAlNR]_n + n\,HCl \longrightarrow [ClAlNR]_n + n\,H_2 \qquad \text{Gl. 6.24}$$

$$2\,[HAlNR]_n + 2n\,TiCl_4 \longrightarrow 2\,[ClAlNR]_n + 2n\,TiCl_3 + n\,H_2 \qquad \text{Gl. 6.25}$$

$$2\,[HAlNR]_n + n\,HgCl_2 \longrightarrow 2\,[ClAlNR]_n + n\,Hg + n\,H_2 \qquad \text{Gl. 6.26}$$

Iminoalane werden als Reduktionsmittel verwendet; $[HAlNR]_n$ (R = ^tBu, $n = 4$; R = ^iPr, $n = 6$; R = ^nPr, $n = 8$) finden in der homogen-katalytischen Hydrierung von Alkenen Anwendung. $[HAlN^iPr]_6$ reduziert Aldehyde sowie

86 *Reaktivität*

Ketone zu Alkoholen und ermöglicht die selektive Reduktion einiger Dicarbonylverbindungen. [HAlNR]$_6$-Cluster werden auch als Katalysatoren von Polymerisationen eingesetzt.

Das Aluminaphosphacuban [^{i}BuAlP(SiPh$_3$)]$_4$ kann sowohl nucleophil (am Al) als auch elektrophil (am P) angegriffen werden. Bei Behandlung mit Ethanol wird der Cluster unter Bildung von (Ph$_3$Si)PH$_2$ und ^{t}BuAl(OEt)$_2$ zerstört; die Hydrolyse verläuft ähnlich. Cluster dieses Typs dienen potentiell als Ausgangsstoffe für die Herstellung spezieller Festkörper und Aluminaphosphacubane; Ziel der Verfahren ist die Gewinnung von Aluminiumphosphid.

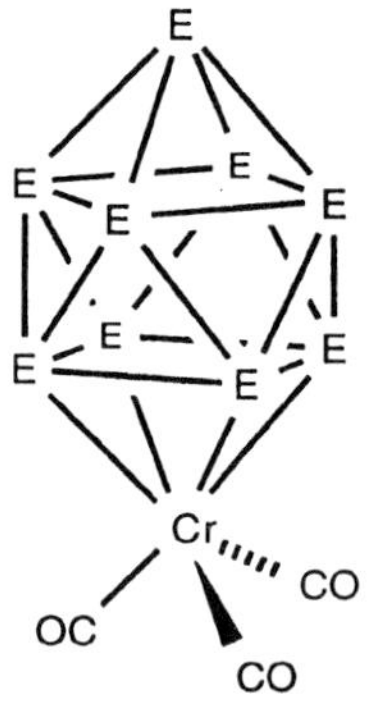

6.7 Zintl-Ionen von Elementen der Gruppe 14

Die Reaktivität von Zintl-Ionen wurde bisher selten untersucht – dies steht in gewissem Widerspruch zu der Vielzahl an Arbeiten zu Boranen, mit denen die Zintl-Ionen sowohl strukturell als auch hinsichtlich der Bindungsverhältnisse verwandt sind. Eine Reaktion, zu der man eine Parallele in der Borancluster-Chemie findet, ist die Umwandlung eines *nido*- in ein *closo*-Gerüst. So entstehen durch Reaktion von *nido*-[Sn$_9$]$^{4-}$ bzw. *nido*-[Pb$_9$]$^{4-}$ (Abb. 3.26) mit (η^6-1,3,5-Me$_3$C$_6$H$_3$)Cr(CO)$_3$ die Verbindungen *closo*-[Sn$_9$Cr(CO)$_3$]$^{4-}$ bzw. *closo*-[Pb$_9$Cr(CO)$_3$]$^{4-}$ (Abb. 6.15). Hier wird der organische π-Ligand durch das Zintl-Ion verdrängt, nachfolgend wird das Chromatom in den Cluster eingebaut. Das Fragment {Cr(CO)$_3$} bringt überhaupt keine Valenzelektronen in die Clusterbindung ein (siehe Abschnitt 4.6); daher wird die Übergangsmetalleinheit einfach auf das *nido*-Gerüst aufgesetzt, ohne daß weitere Störungen der Struktur stattfinden.

Abb. 6.15 Struktur von *closo*-[E$_9$Cr(CO)$_3$]$^{4-}$ (E = Sn oder Pb).

6.8 Cubane außer Iminoalanen

Allgemein enthält ein Cuban Donor- und Acceptoratome. So fungieren bezüglich der endocyclischen Bindung im Cluster [SnN^{t}Bu]$_4$ beispielsweise die Sn-Atome als Acceptoren, die ^{t}BuN-Gruppen als Donoren. An jedem Zinnatom bleibt dabei ein nichtbindendes Elektronenpaar und damit die Lewis-basische Eigenschaft erhalten. Dies wird durch die Reaktionen 6.27 und 6.28 illustriert. In einem Cuban mit mehr als einer Donor-Position kann bevorzugt eine Koordination an eine Lewis-Säure erfolgen (Gl. 6.28).

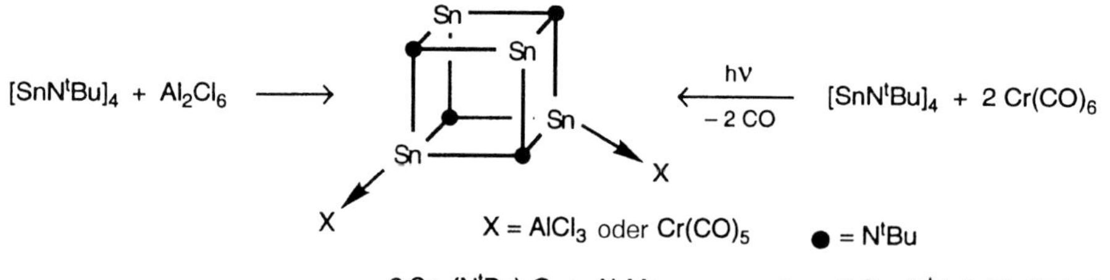

[SnN^{t}Bu]$_4$ + Al$_2$Cl$_6$ ⟶ ⟵ $\frac{h\nu}{-2\,CO}$ [SnN^{t}Bu]$_4$ + 2 Cr(CO)$_6$ Gl. 6.27

X = AlCl$_3$ oder Cr(CO)$_5$ ● = N^{t}Bu

2 Sn$_4$(N^{t}Bu)$_3$O + Al$_2$Me$_6$ ⟶ 2 Sn$_4$(N^{t}Bu)$_3$(O·AlMe$_3$)   Gl. 6.28

6.9 Homonucleare Anionen von Elementen der Gruppe 15 und Derivate

Einige Synthesen mit Li$_3$P$_7$ werden in Abschnitt 5.11 behandelt.

Alle Verbindungen M$_3$P$_7$, M$_3$As$_7$ und M$_3$P$_{11}$ (M = Alkalimetall) sollten mit (beliebigen) RCl zu substituierten Derivaten R$_3$P$_7$, R$_3$As$_7$ bzw. R$_3$P$_{11}$ reagieren. Einige Beispiele dafür wurden tatsächlich gefunden (Gln. 6.29 bis 6.34), in manchen der Fälle ist der Reaktionsmechanismus allerdings komplizierter als erwartet. So setzt sich Li$_3$P$_7$ in Toluol mit Ph$_3$SiCl entsprechend Gl. 6.29 um – in THF entstehen völlig andere Produkte! Die Reaktion 6.30 gelingt in Toluol, während in THF oder bei Verwendung von H$_3$SiBr anstelle von H$_3$SiI polymere Produkte gebildet werden.

$$\text{Li}_3\text{P}_7 + 3\,\text{Ph}_3\text{SiCl} \xrightarrow{\text{Toluol}} \text{P}_7(\text{SiPh}_3)_3 + 3\,\text{LiCl} \quad \text{Gl. 6.29}$$

$$\text{Li}_3\text{P}_7 + 3\,\text{H}_3\text{SiI} \xrightarrow{\text{Toluol}} \text{P}_7(\text{SiH}_3)_3 + 3\,\text{LiI} \quad \text{Gl. 6.30}$$

$$\text{Li}_3\text{P}_7 + 3\,\text{Me}_3\text{SnBr} \xrightarrow{\text{Toluol}} \text{P}_7(\text{SnMe}_3)_3 + 3\,\text{LiBr} \quad \text{Gl. 6.31}$$

$$\text{Na}_3\text{P}_7 + 3\,\text{Me}_3\text{GeCl} \xrightarrow{\text{Toluol}} \text{P}_7(\text{GeMe}_3)_3 + 3\,\text{NaCl} \quad \text{Gl. 6.32}$$

$$\text{Cs}_3\text{P}_{11} + 3\,\text{Me}_3\text{SiCl} \rightarrow \text{P}_{11}(\text{SiMe}_3)_3 + 3\,\text{CsCl} \quad \text{Gl. 6.33}$$

$$\text{Rb}_3\text{As}_7 + 3\,\text{Me}_3\text{SiCl} \rightarrow \text{As}_7(\text{SiMe}_3)_3 + 3\,\text{RbCl} \quad \text{Gl. 6.34}$$

$$\text{P}_7(\text{SiMe}_3)_3 + 3\,\text{Me}_3\text{SnCl} \rightleftharpoons \text{P}_7(\text{SnMe}_3)_3 + 3\,\text{Me}_3\text{SiCl} \quad \text{Gl. 6.35}$$

Zwischen verwandten Spezies lassen sich Gleichgewichte formulieren; will man diese jedoch zum Austausch der Substituenten nutzen, so muß die Lage des Gleichgewichts mit geeigneten Mitteln auf die rechte Seite verschoben werden. Durch seine geringe Löslichkeit in Dimethoxyethan kann man beispielsweise in Gl. 6.35 das Produkt P$_7$(SnMe$_3$)$_3$ ausfällen und so aus dem Gleichgewicht entfernen.

Bei Reaktion von [As$_7$]$^{3-}$ mit elementarem Zinn (Abb. 6.16) findet eine oxidative Clusterverknüpfung statt. Erhitzen von Rb$_3$As$_7$ mit Fe$_2$(CO)$_9$ in 1,2-Diaminoethan liefert [As$_{22}$]$^{4-}$, welches man als Produkt der oxidativen Verknüpfung zweier [As$_{11}$]$^{3-}$-Anionen auffassen kann.

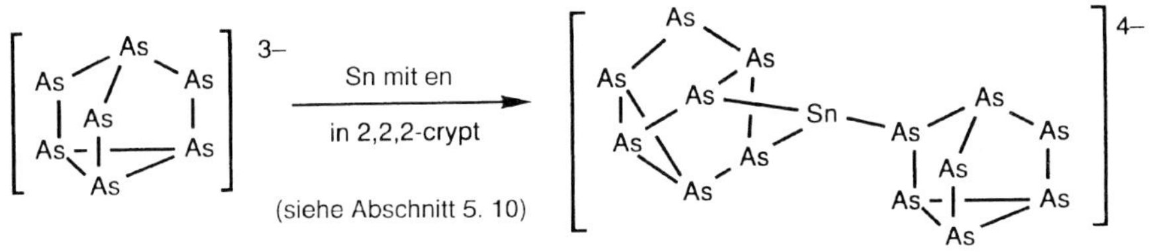

$$[\text{As}_7]^{3-} \xrightarrow[\text{in 2,2,2-crypt}]{\text{Sn mit en}} [\text{As}_7\text{-Sn-As}_7]^{4-}$$

(siehe Abschnitt 5.10)

Abb. 6.16 Oxidative Verknüpfung zweier [As$_7$]$^{3-}$-Cluster.

$$\text{MeC(CH}_2)_3\text{As}_3 + \text{M(CO)}_6 \xrightarrow{h\nu} \{\text{MeC(CH}_2)_3\text{As}_3\}\text{M(CO)}_5 + \{\text{MeC(CH}_2)_3\text{As}_3\}_2\text{M(CO)}_4 \quad \text{Gl. 6.36}$$

M = Cr, Mo, W   M = Cr, Mo, W   M = Cr, W

Wird ein Atom aus Gruppe 15 in einen Cluster unter Erhalt eines exocyclischen nichtbindenden Elektronenpaars eingebaut, ist dieses Atom (und damit der ganze Cluster) eine potentielle Lewis-Base. MeC(CH$_2$)$_3$As$_3$ reagiert mit Cr(CO)$_6$, Mo(CO)$_6$ bzw. W(CO)$_6$ entsprechend Gl. 6.36 zu Produkten, in denen der arsenhaltige Cluster als einzähniger Ligand fungiert. Der Cluster MeC(CH$_2$)$_3$Sb$_3$ kann den schwach gebundenen THF-Liganden aus Cr(CO)$_5$(THF) verdrängen, es entsteht {MeC(CH$_2$)$_3$Sb$_3$}Cr(CO)$_5$ (Abb. 6.17).

In Abschnitt 6.7 wurde die Verdrängung organischen π-Liganden 1,3,5-Me$_3$C$_6$H$_3$ aus (η^6-1,3,5-Me$_3$C$_6$H$_3$)Cr(CO)$_3$ durch Zintl-Ionen beschrieben. Reagiert (η^6-1,3,5-Me$_3$C$_6$H$_3$)Cr(CO)$_3$ mit [As$_7$]$^{3-}$, wird der organische Ligand ebenfalls verdrängt; die Koordination des Arsenid-Liganden an das Chromatom erfolgt unter Spaltung einer As–As-Bindung.

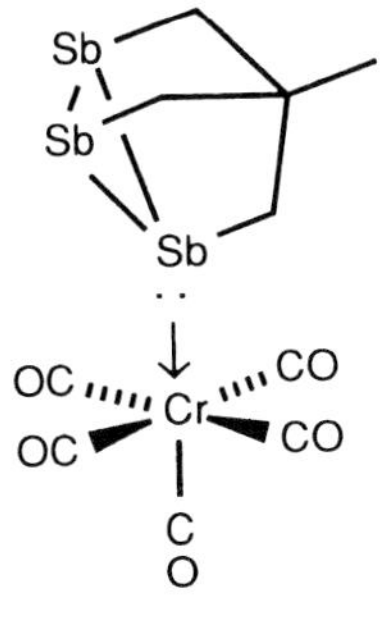

Abb. 6.17 Struktur von {MeC(CH$_2$)$_3$Sb$_3$}Cr(CO)$_5$.

6.10 Cluster vom Adamantan-Typ und ähnliche Cluster

P$_4$O$_6$ und P$_4$O$_{10}$

Die Strukturen der Cluster von Adamantan-Typ, die in diesem Abschnitt beschrieben werden, finden Sie in den Abb. 3.36 und 3.37.

Abb. 6.18 faßt typische Reaktionen des Phosphor(III)-oxids, P$_4$O$_6$, zusammen. Durch Hydrolyse und Halogenierung wird der Cluster zerstört; mit Cl$_2$ bzw. Br$_2$ wird in heftiger Reaktion das jeweilige Phosphorylhalogenid gebildet. O$_2$ und Schwefel oxidieren den Cluster. Wie in der Reaktion mit Ni(CO)$_4$ gezeigt, kann der P$_4$O$_6$-Cluster als Lewis-Base fungieren. Dabei wird an vier Nickel-Zentren ein Carbonyl-Ligand durch ein Phosphorfragment ersetzt, so daß der Tetrametall-Komplex P$_4$O$_6${Ni(CO)$_3$}$_4$ entsteht. Die zentrale Clustereinheit ist nach wie vor das P$_4$O$_6$-Gerüst, vergleichen Sie dies mit der Reaktion von P$_4$ in Abb. 2.16a.

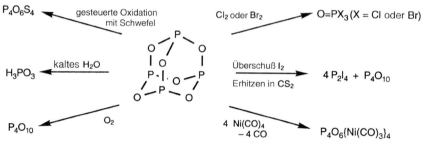

Abb. 6.18 Reaktionen des P$_4$O$_6$.

Phosphor(V)-oxid, P$_4$O$_{10}$, reagiert heftig mit Wasser unter Bildung von H$_3$PO$_4$ und wird daher häufig als Entwässerungsmittel eingesetzt. Die Umsetzungen mit Alkoholen verlaufen ähnlich (Gl. 6.37); behält man jedoch die Reaktionsbedingungen nicht unter Kontrolle, kann es zur Dehydratisierung des Alkohols kommen (z. B. C$_2$H$_5$OH zu C$_2$H$_4$). P$_4$O$_{10}$ dehydratisiert auch Amine zu Nitrilen, Schwefelsäure zu Schwefeltrioxid und viele weitere Verbindungen. Setzt man den P$_4$O$_{10}$-Cluster mit einer Mischung aus Cl$_2$ und PCl$_3$ (Gl. 6.38) oder Ammoniak um, so wird er abgebaut. In der letzteren Reaktion bilden sich Ammonium-Salze von Amido-Polyphosphaten, die man zur Entfernung von Wasserhärte (vor allem Ca^{2+}) aus Wasser verwendet.

$$P_4O_{10} + 6\ ROH \longrightarrow 2\ P(OH)_2(OR)(O) + 2\ P(OH)(OR)_2(O) \qquad \text{Gl. 6.37}$$

$$P_4O_{10} + 4\ PCl_3 + 4\ Cl_2 \longrightarrow 2\ O=PCl_2-O-PCl_2=O + 4\ O=PCl_3 \qquad \text{Gl. 6.38}$$

P$_4$(NR)$_6$ und As$_4$(NR)$_6$ (R = Me oder ^{n}Pr)

Trimethylaminoxid ist ein nützliches Oxidationsmittel – es setzt leicht Sauerstoff frei:

$$Me_3\overset{+}{N}-\overset{-}{O} \longrightarrow Me_3N + [O]$$

In einigen chemischen Eigenschaften ist P$_4$(NMe)$_6$ dem eben diskutierten P$_4$O$_6$ ähnlich. Durch Oxidation mit O$_2$ bei 170 °C entsteht ein polymeres Produkt; zur kontrollierten Oxidation verwendet man Aminoxide (Gl. 6.39). Mit elementarem Schwefel erhält man das Oxidationsprodukt P$_4$(NMe)$_6$S$_n$ (n = 1 oder 2, wenn die Reaktion bei −20 °C in CS$_2$ durchgeführt wird, bzw. n = 3 oder 4, wenn im Lösungsmittel Ethanol drei bzw. vier Mol elementaren Schwefels eingesetzt werden). In Reaktionen wie 6.40 und 6.41 wirkt P$_4$(NMe)$_6$ als Lewis-Base; mit Ni(CO)$_4$ reagieren P$_4$(NMe)$_6$ und As$_4$(NMe)$_6$ ähnlich. Der Erhalt des adamantanähnlichen P$_4$(NMe)$_6$-Grundgerüsts in den metallierten Produkten kann man nachweisen: stärkere Lewis-Basen als E$_4$(NMe)$_6$ (E = P oder As) verdrängen den Phosphor- bzw. Arsencluster aus E$_4$(NMe)$_6${Ni(CO)$_3$}$_4$, ohne daß der E$_4$(NMe)$_6$-Cluster zerstört wird.

$$P_4(NMe)_6 + 4\,Me_3NO \longrightarrow P_4(NMe)_6O_4 + 4\,Me_3N \qquad \text{Gl. 6.39}$$

$$P_4(NMe)_6 + 4\,Ni(CO)_4 \xrightarrow{-4\,CO} P_4(NMe)_6\{Ni(CO)_3\}_4 \qquad \text{Gl. 6.40}$$

$$P_4(NMe)_6 + B_2H_6 \text{ i.Überschuß} \longrightarrow P_4(NMe)_6(BH_3)_n \quad (n = 1\text{-}4) \qquad \text{Gl. 6.41}$$

Die Clusterverbindungen $P_4(NMe)_6$ und $As_4(NMe)_6$ reagieren beide mit Methyliodid, aber auf ganz unterschiedliche Weise. Aus dem Phosphor-Cluster wird $[MeP_4(NMe)_6]^+I^-$ oder – mit MeI im Überschuß – $[MeP(NMe_2)_3]^+I^-$ gebildet, während der Arsen-Cluster gemäß Abb. 6.19 unter Eliminierung von Methylamin geöffnet wird. In ähnlicher Weise setzt sich $As_4(NMe)_6$ mit HX (X = F, Cl, CF_3SO_3) zu $As_4(NMe)_5X_2$ um; jede dieser Reaktionen ist reversibel.

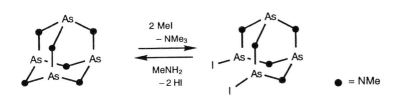

Abb. 6.19 Reversible Öffnung des Clusters $As_4(NMe)_6$. Für $P_4(NMe)_6$ findet diese Reaktion *nicht* statt.

Phosphorsulfide, P_4S_n, und verwandte Selenide

Aus der Familie der Phosphorsulfide, P_4S_n, sind nicht alle Mitglieder gleich gut untersucht worden. Festes P_4S_3 wird bei Zimmertemperatur an der Luft nicht oxidiert; in CS_2-Lösung dagegen bildet sich mit molekularem Sauerstoff $P_4S_3O_4$. P_4S_3 ist in Wasser äußerst stabil, wird aber von Alkoholen zersetzt. In saurer Lösung findet eine langsame Hydrolyse statt. Durch Umsetzung mit elementarem Schwefel gelangt man zu größeren Clustern P_4S_n, Reaktion mit Iod führt zu P_4S_7 (Gl. 6.42). Metallisches Zink entzieht dem Cluster reduktiv Schwefelatome, dabei findet eine Kontraktion zum P_4 statt (Gl. 6.43).

Umwandlungen zwischen Clustern des Typs P_4S_n sehen Sie in Abb. 5.22.

Kommerziell verwendet man P_4S_3 für Streichhölzer, die man an beliebigen Reibflächen (Schuhsohle, Fensterscheibe...) anzünden kann: P_4S_3 wird mit $KClO_3$ gemischt – bei Reibung explodiert diese Mischung.

$$7\,P_4S_3 + 24\,I_2 \longrightarrow 3\,P_4S_7 + 16\,PI_3 \qquad \text{Gl. 6.42}$$

$$P_4S_3 + 3\,Zn \xrightarrow{1100°C} P_4 + 3\,ZnS \qquad \text{Gl. 6.43}$$

$$\text{Gl. 6.44}$$

Sowohl P_4S_3 als auch P_4Se_3 sind Lewis-Basen. Sie reagieren zum Beispiel mit $\{(Ph_2PCH_2CH_2)_3N\}Ni$ – der jeweilige Cluster koordiniert über das einzelne P-Atom an das Nickel-Zentrum, so daß Produkte wie $\{(Ph_2PCH_2CH_2)_3N\}Ni(\sigma\text{-}P_4)$ (Abb. 2.16a) entstehen. P_4S_3 verdrängt einen Carbonyl-Liganden aus $Mo(CO)_6$ (Gl. 6.44). In beiden Fällen bleibt die selbständige Clustereinheit bei

90 *Reaktivität*

der Koordination erhalten. Entsprechend Gl. 6.45 kann der Cluster allerdings auch aufgespalten werden und einen P_3- oder P_2S-Liganden liefern.

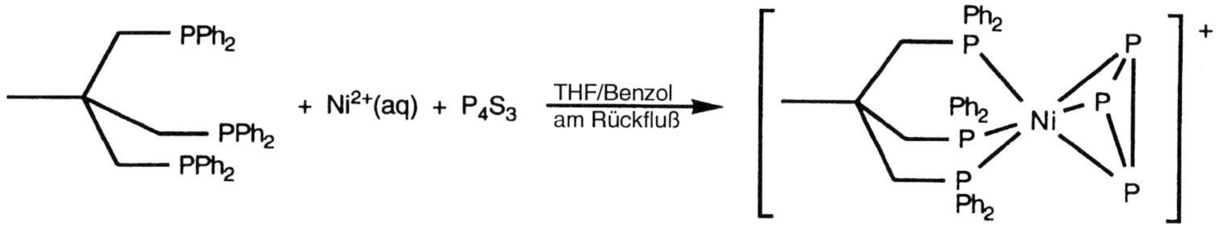

Gl. 6.45

$P_4S_{10} + Ph_3P \rightarrow P_4S_9 + Ph_3P=S$

Gl. 6.46

An der Luft gibt der Cluster P_4S_{10} H_2S ab; in Wasser und verdünnten Säuren hydrolysiert er. Mit NaOH bilden sich $Na_3PS_2O_2$ und H_2S. Unterhalb von 100 °C setzt sich P_4S_{10} mit Alkoholen ROH zu $P(OR)_2(SH)(S)$ und H_2S um; die Reaktionsgeschwindigkeit hängt von der Größe des Restes R ab. Bei höheren Temperaturen entstehen $P(OR)_3(S)$ und H_2S.

Durch Einwirkung von PPh_3, PCl_3 oder PBr_3 (Gl. 6.46) werden Schwefelatome aus P_4S_{10} selektiv abstrahiert – dieser kontrollierte Clusterabbau findet synthetische Anwendung (Abb. 5.22). Bei Erhitzen mit PCl_5 oder SF_4 (Gln. 6.47 und 6.48) wird der Cluster vollständig zerstört.

$P_4S_{10} + 6\,PCl_5 \rightarrow 10\,Cl_3P=S$ Gl. 6.47

$P_4S_{10} + 5\,SF_4 \rightarrow 4\,PF_5 + 15\,S$ Gl. 6.48

6.11 Tetraschwefel-tetranitrid (Cyclotetrathiazin) und Tetraselen-tetranitrid (Cyclotetraselenazin)

Abb. 6.21 zeigt ausgewählte chemische Reaktionen des Tetraschwefel-tetranitrids, S_4N_4. Durch Reduktion, Fluorierung zu $S_4N_4F_4$, kontrollierte Chlorierung zu $S_4N_4Cl_2$ oder Reaktionen mit Lewis-Säuren öffnet sich der Cluster zum Ring. Die Fluorierung findet an den Schwefelatomen statt; es entsteht ein Schwefel-Stickstoff-Ring, den man mittels eines lokalisierten Bindungsmodells beschreiben kann (Abb. 6.20). In Abhängigkeit von den Reaktionsbedingungen kann der Cluster durch Fluorierung auch zerstört werden: AgF_2 im Überschuß führt zu $N\equiv SF$ und $N\equiv SF_3$, Umsetzung mit HgF_2 liefert $N\equiv SF$. Bei Reduktion zu $S_4N_4H_4$ werden N–H-Bindungen gebildet; durch elektrochemische Reduktion erhält man das – allerdings oberhalb von 0 °C nicht stabile – Radikal-Anion $[S_4N_4]^-$. In einer zugeschmolzenen Ampulle setzt sich S_4N_4 mit flüssigem Br_2 zu $[S_4N_3^+][Br_3^-]$ um; ähnliche Reaktionen erfolgen mit flüssigem ICl oder IBr.

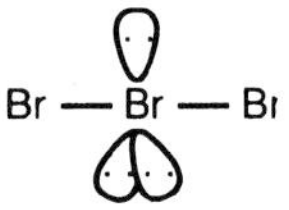

$[Br_3]^-$

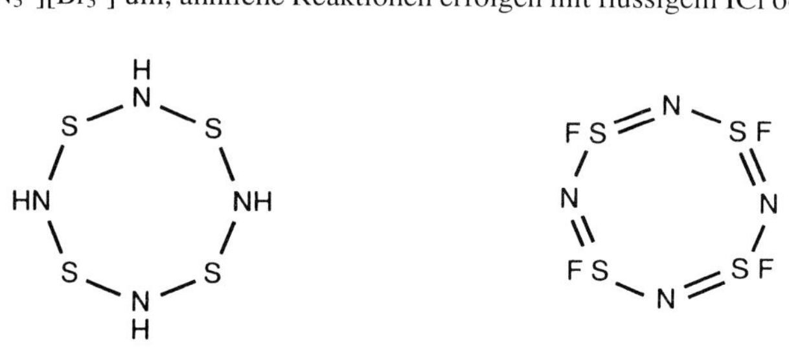

Abb. 6.20 Strukturen von $S_4N_4H_4$ und $S_4N_4F_4$.

Durch Umsetzung von festem S_4N_4 mit Br_2- oder ICl-Dampf entstehen leitfähige Polymere (Abb. 6.21). Lewis-Säuren (wie BCl_3 oder H^+) können als einfache Acceptoren wirken, so daß Addukte (z. B. $S_4N_4 \cdot BCl_3$ oder $[S_4N_4H]^+$) gebildet werden; ein nichtbindendes Elektronenpaar von einem N-Atom des S_4N_4 wird an die Lewis-Säure abgegeben. Ist die Lewis-Säure gleichzeitig Oxidationsmittel (AsF_5, SbF_5, $SbCl_5$), findet eine 2-Elektronen-Oxidation des S_4N_4-Clusters statt (Gl. 6.49).

$$\left.\begin{array}{rcl} S_4N_4 & \to & [S_4N_4]^{2+} + 2\,e^- \\ AsF_5 + 2\,e^- & \to & AsF_3 + 2\,F^- \\ AsF_5 + F^- & \to & [AsF_6]^- \end{array}\right\} \quad S_4N_4 + 3\,AsF_5 \longrightarrow [S_4N_4][AsF_6]_2 + AsF_3 \qquad \text{Gl. 6.49}$$

Leitet man S_4N_4-Dampf über heiße Silberwolle, so bildet sich S_2N_2; bei Verwendung von heißer Quarzwolle entsteht statt dessen $(SN)_x$. Dieses Polymer zeigt eindimensionale elektrische Leitfähigkeit, unterhalb von 0.26 K wird es supraleitend. Auch bei Reaktionen mit Nucleophilen kann der Cluster gespalten werden; so ergibt die Umsetzung mit Ph_3P $Ph_3P=NS_3N_3$.

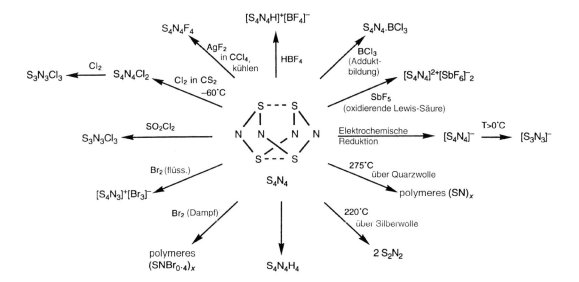

Abb. 6.21 Ausgewählte Reaktionen des S_4N_4.

Die chemischen Eigenschaften von Se_4N_4 sind nicht so gut aufgeklärt wie die des Sulfids. Wie S_4N_4 kann auch Se_4N_4 potentiell explodieren. Bei Pyrolyse erfolgt Abbau zu Selen und molekularem Stickstoff. Brom baut den Cluster zu $[NH_4]_2[SeBr_6]$ ab, Reduktion mit Hydrazin führt zu Ammoniak und Selen.

Ergänzende und weiterführende Literatur

Allgemeines

Wells, A. F.; *Structural Inorganic Chemistry* (5. Aufl.), Oxford University Press, Oxford 1984
Huheey, J. E.; *Anorganische Chemie – Prinzipien von Struktur und Reaktivität*, W. de Gruyter, Berlin/New York 1995
Shriver, D. F., Atkins, P. W., Langford, C. H.; *Anorganische Chemie – Ein weiterführendes Lehrbuch*, VCH, Weinheim 1992

Fullerene

Kroto, H. W.; *C_{60}: Buckminsterfulleren – die Himmelssphäre, die zur Erde fiel*, Angew. Chem. **104** (1992) 113
Zander, M.; *Polycyclische Aromaten: Kohlenwasserstoffe und Fullerene*, B. G. Teubner, Stuttgart 1995
Krätschmer, W., Schuster, H.; *Von Fuller bis zu Fullerenen*, Vieweg, Wiesbaden 1995
Hirsch, A.; *Die Chemie der Fullerene: Ein Überblick*, Angew. Chem. **105** (1993) 1189

Phosphorverbindungen

Corbridge, D. E. C.; *The Structural Chemistry of Phosphorus*, Elsevier, Amsterdam 1974
Baudler, M.; *Polyphosphorverbindungen – Ergebnisse und Perspektiven*, Angew. Chem. **99** (1987) 429
Blachnik, R., Peukert, U., Czediwoda, A., Engelen, B.; *Die molekulare Zusamensetzung von erstarrten Phosphor-Schwefel-Schmelzen und die Kristallstruktur von β-P_4S_6*, Z. allg. anorg. Chemie **621** (1995) 1637

Struktur, Bindung, Synthese, Reaktivität

Müller, U.; *Anorganische Strukturchemie*, B. G. Teubner, Stuttgart 1992
S. F. A. Kettle; *Symmetrie und Struktur*, B. G. Teubner, Stuttgart 1994
Greenwood, N. N., Earnshaw, A.; *Chemie der Elemente*, VCH, Weinheim 1990
Greenwood, N. N.; *Boron Hydride Compounds* (Kap. 2 in *Rings, Clusters and Polymers of Main Group and Transition Elements*) (H. W. Roesky, Hrsg.), Elsevier, Amsterdam 1989
Housecroft, C. E.; *Boranes and Metallaboranes: Structure, Bonding and Reactivity*, Ellis Horwood, Hemel Hempstead, 1994
Kennedy, J. D.; *The Polyhedral Metallaboranes* (Teil 1 u. 2), *Progress in Inorganic Chemistry*, **32** (1984) 519 bzw. **34** (1986) 211
Fort, R. C. und Schleyer, P. v. R.; *Adamantanes: Consequences of the Diamondoid Structure*, Chem. Rev. **64** (1964) 277
Haiduic, I., Sowerby, D.B.; *The Chemistry of Inorganic Homo- and Heterocycles*, Academic Press, New York 1987
Wade, K.; *Structural and Bonding Patterns in Cluster Chemistry*, Adv. Inorg. Chem. and Radiochem. **18** (1976) 1
Mingos, D. M. P., Wales, D. J.; *Introduction to Cluster Chemistry*, Prentice Hall, New Jersey 1990
Weidenbruch, M.; *Verbindungen mit Silicium-, Germanium- und Zinnpolyedern: der erste oktaedrische Zinncluster*, Angew. Chem. **105** (1993) 574

Register

Adamantan-Gerüst 23, 30, 32, 69, 88
Aluminium
   Al_{12}-Cluster 24, 62
   Aluminaboran 21, 57
   Cuban 24, 37, 64, 68, 86
   Iminoalan 24, 63, 85
Antimon
   Cluster vom Adamantantyp 33
   Elementstrukturen 5, 15
   Stibaboran 60
arachno-Cluster 16, 46, 54, 79
Arsen
   Arsaboran 60
   Elementstrukturen 5, 15, 40
   Cluster vom Adamantantyp 33, 72, 89
   homonucleare Anionen 40, 72, 87

*b*ent bond 37
Bismut
   Bismutaboran 60
   Elementstrukturen 5, 15
   homonucleare Kationen 34, 72
Blei
   Cubane 30, 68
   Plumbacarbaborane 58
   Zintl-Ionen 1, 29, 67, 86
Bor *siehe* Boran, Carbaboran
   Borhalogenide 23, 61, 84
   Elementstrukturen 6
Boran
   arachno- 16, 46, 54, 79
   closo- 16, 46, 53, 74
   commo- 22, 58
   conjuncto- 19
   Clustertypen 16
   Heteroborane 21 *(siehe die jeweiligen Heteroatome)*
   Hydroborat-Dianion 16, 49, 53, 72
   hypho- 16, 46
   nido- 16, 46, 54, 76, 80
   Nomenklatur 16
   Polyederverknüpfung 16, 19, 55
   Polyederverschmelzung 55
Borazin 36, 62

Brückenwechselwirkungen 43, 50, 77

Carbaboran 20, 51, 56, 82
   Anion 80
   Isomere 20, 51
   Verknüpfung 57
closo-Cluster 6, 46, 53, 74
commo-Cluster 22, 58
conjuncto-Cluster 19
Cuban 24, 26, 27, 31, 37, 62, 64, 66, 68, 70, 86

*d*elokalisierte Bindung 36
Deltaeder 2, 46
Diboran(6) 43, 53, 78
Dimerisierung 37, 44
Donor-Acceptor-Wechselwirkung 23, 36, 43, 62, 86

Elektronenmangelverbindung 1, 43
18-Elektronen-Regel 14
endo 16
endocyclisch 38
exo 16
exocyclisch 38

Fulleren 8

Gallium
   Cluster vom Adamantantyp 25, 34, 64
   Gallaboran 21, 57
   Iminogallan 25, 64
Germanium
   Cubane 68
   Germacarbaboran 58
   German 30, 68
   Zintl-Ionen 29, 48, 64
Grenzorbital 39, 47, 51

Heteroborane 24 *(und bei jedem Heteroatom)*
hypho-Cluster 16, 46

Indium
   Cluster vom Adamantantyp 25, 34, 64

Indaboran 21
Inertpaareffekt 26, 58
isoelektronisch 21, 51
Isolobalität 51
Isomer 19, 48, 51, 65, 70, 76

Kohlenstoff
   Adamantan 27, 66
   Benzvalen 27, 37, 65
   C_{60} und C_{70} 8
   Cuban 27, 37, 65
   Diamant 6
   Fullerene 8
   Graphit 6
   Prisman 28, 65
   Tetrahedran 27, 38, 64

Lipscomb-Regeln (*styx*-Regeln) 44
lokalisierte Bindung 1, 36, 44

Metallaboran 52, 80
Metallacarborane 58, 80
Metallafullerene 12
Molekülorbital 39, 47, 52

nido-Cluster 16, 46, 54, 76, 80

Oktettregel 4
Oligomerisierung 24, 30, 43, 70
oxidative Verschmelzung 55

Phosphor
   Cluster vom Adamantantyp 31, 88
   Cuban 31, 62, 70
   Elementstrukturen 5, 12, 40
   homonucleare Anionen 13, 31, 69, 86
   Hydride 32
   Metallkomplexe 14
   Oxide 12, 32, 40, 71, 88
   Phosphaboran 60
   Polyphosphide 13, 31, 69
   Sulfide 32, 71, 89
Polyederskelett-Elektronenpaar-Theorie (PSEPT) 45

Sauerstoff
   Disauerstoff 4
Schwefel
   Cluster vom Adamantantyp
     25, 34, 69, 89
   Elementstrukturen 4, 41
   kationische Ringmoleküle 40, 73
   S_4N_4 35, 73, 90
   Thiaboran 22, 60
Selen
   Cluster vom Adamantantyp
     30, 34, 71
   kationische Ringmoleküle
     40, 43, 73
   Se_4N_4 35, 73, 90
   Selenaboran 60

Silicium
   Silaboran 21, 58
   Silane 28, 66
   Silaphosphane 71
   Silazan 28, 67
   Silicid 29, 66
   Siloxan 28, 67
Stickstoff
   Azaboran 22, 59
   Distickstoff 5
   S_4N_4 35, 73, 90
   Se_4N_4 35, 73, 90
   styx-Regeln 44

Tellur
   Kationen 42, 73
   Telluraboran 60

Thallium
   Alkoxide 26, 64
   Cubane 26, 64
   Thallacarbaboran 22
   Thiolat 26, 64
   Zintl-Ion 26, 48, 68

Wadesche Regeln 45

Zinn
   Cubane 30, 68
   Stannacarbaboran 22, 58
   Zintl-Ion 29, 44, 46, 67, 86
Zintl-Ion 29, 44, 46, 48, 64, 67, 86